水利水电建筑工程高水平专业群工作手册式系列教材

建筑材料检测
综合实训

主 编 曹京京

中国水利水电出版社
www.waterpub.com.cn
·北京·

内 容 提 要

　　本教材是水利水电建筑工程高水平专业群工作手册式系列教材之一，是根据职业院校双高建设项目要求编写而成的。全书共有五个工作任务，分别为水泥检测、细骨料检测、粗骨料检测、钢筋检测和混凝土配合比设计。

　　本教材可供高等职业院校水利类各专业教学使用，也可作为相关专业工程技术人员的参考书。

图书在版编目（ＣＩＰ）数据

　　建筑材料检测综合实训 / 曹京京主编. －－ 北京 ：中国水利水电出版社，2022.5
　　水利水电建筑工程高水平专业群工作手册式系列教材
　　ISBN 978-7-5226-0764-1

　　Ⅰ．①建… Ⅱ．①曹… Ⅲ．①建筑材料－检测－高等职业教育－教材 Ⅳ．①TU502

　　中国版本图书馆CIP数据核字(2022)第101507号

书　　　名	水利水电建筑工程高水平专业群工作手册式系列教材 **建筑材料检测综合实训** JIANZHU CAILIAO JIANCE ZONGHE SHIXUN
作　　　者	主编　曹京京
出 版 发 行	中国水利水电出版社 （北京市海淀区玉渊潭南路 1 号 D 座　100038） 网址：www. waterpub. com. cn E - mail：sales@mwr. gov. cn 电话：(010) 68545888（营销中心）
经　　　售	北京科水图书销售有限公司 电话：(010) 68545874、63202643 全国各地新华书店和相关出版物销售网点
排　　　版	中国水利水电出版社微机排版中心
印　　　刷	天津嘉恒印务有限公司
规　　　格	184mm×260mm　16 开本　6.75 印张　164 千字
版　　　次	2022 年 5 月第 1 版　2022 年 5 月第 1 次印刷
印　　　数	0001—2000 册
定　　　价	**28.00 元**

　　凡购买我社图书，如有缺页、倒页、脱页的，本社营销中心负责调换

前　言

　　本教材是贯彻落实《国家职业教育改革实施方案》（国发〔2019〕4 号）、《国家中长期教育改革和发展规划纲要（2010—2020 年）》、《国务院关于加快发展现代职业教育的决定》（国发〔2014〕19 号）和《水利部教育部关于进一步推进水利职业教育改革发展的意见》（水人事〔2013〕121 号）等文件精神编写的工作手册式教材。

　　本教材基于课程标准和职业标准编写。在内容设计上，本教材模拟了水利类专业毕业生在工作过程中常见的实际工作情境，将全书分为水泥检测、细骨料检测、粗骨料检测、钢筋检测及混凝土配合比设计五个具有较强代表性和普遍性的工作任务；在知识和技能教学要求上，本教材符合水利类专业建筑材料综合实训课程教学大纲要求；在训练流程安排上，本教材将任务"从单一到综合"贯穿起来，将"以德树人、课程思政"有机融入教材，坚持"以学生为中心"的基本思想，推动学生借助外部资源主动学习，有效培养学生主动分析问题和解决问题的能力。该书配套有丰富的多媒体资源以辅助教学。

　　本书编写人员分工如下：黄河水利职业技术学院曹京京编写工作须知、工作任务一、工作任务二、工作任务五，黄河水利职业技术学院杨春景编写工作任务四，中国水利水电第十工程局有限公司施东松编写工作任务三。全书由曹京京担任主编，杨春景、施东松担任副主编，由黄河水利职业技术学院白宏洁担任主审。

　　本书在编写过程中，参考了一些文献资料，对相关文献的作者，致以诚挚的谢意！

　　由于编者水平有限，书中疏漏与欠妥之处在所难免，衷心希望广大读者批评指正。

编者

2022 年 4 月

目 录

工作须知

1. 课程性质

"建筑材料检测综合实训"是一门基于工作过程开发出来的学习领域课程，是水利水电建筑工程高水平专业群的基本技能模块课程。

适用专业：水利水电建筑工程高水平专业群

开设时间：第二学期

建议课时：30 学时

2. 课程目标

通过本课程的学习，学生应做到学思结合、知行统一。

（1）掌握水泥、粗细骨料、钢筋等原材料的取样和技术指标检测方法。

（2）能按照水工混凝土配合比设计规程进行混凝土配合比设计与调整。

（3）能够熟练操作仪器设备进行检测，能够对检测中的异常进行处理。

（4）能够正确填写试验检测原始记录，熟练处理检测数据。

（5）会填写和审阅试验报告。

（6）树立规范意识、质量意识、安全意识，具有科学严谨、爱岗敬业、诚信协作、勇于创新的职业品格和行为习惯。

3. 工作任务

"建筑材料检测综合实训"课程以实际水工建筑物为工作项目载体，分设水泥检测、细骨料检测、粗骨料检测、钢筋检测与混凝土配合比设计五个学习任务，见表 0-1。

表 0-1　　　　　　　　　　建筑材料检测综合实训工作项目

序　号	学习任务	载　体	学习内容简介	学时
1	水泥检测	某混凝土坝工程	依据工程资料与技术标准，完成水泥细度、标准稠度用水量、凝结时间、安定性及胶砂强度等技术指标的质量检测	6
2	细骨料检测	某混凝土坝工程	依据工程资料与技术标准，完成细骨料颗粒级配、饱和面干表观密度、表面含水率、堆积密度及含泥量等技术指标的质量检测	6
3	粗骨料检测	某混凝土坝工程	依据工程资料与技术标准，完成粗骨料颗粒级配、饱和面干表观密度、表面含水率、堆积密度、含泥量、泥块含量、针片状颗粒含量、压碎值及超逊径颗粒含量等技术指标的质量检测	6

序　号	学习任务	载　体	学习内容简介	学时
4	钢筋检测	某混凝土坝工程	依据工程资料与技术标准，完成热轧带肋钢筋尺寸偏差及重量偏差、拉伸、弯曲等技术指标的质量检测	4
5	混凝土配合比设计	某混凝土坝工程	依据工程资料与技术标准，完成混凝土初步配合比、基准配合比、实验室配合比及施工配合比设计	8

4. 组织形式

本课程倡导行动导向教学，通过问题的引导，促进学生主动思考和学习。

学生基于学习能力、态度和性格等个体差异进行组合，划分若干工作小组。学生小组长引导小组成员制订详细规划，进行合理有效的分工；各小组成员在合作中共同完成工作任务。

在课程教学过程中，教师根据实际工作任务设计教学情境，其角色任务是策划、分析、辅导、评估和激励。学生接收工作任务，计划、决策并实施，其角色任务是主体性学习、积极思考、自己决定、实际动手操作。

5. 进程安排

"建筑材料检测综合实训"课程时间为一周，实训安排见表0-2。

表0-2　　　　　　　　　　　　建筑材料检测综合实训安排

序号	实训内容	时　间	序号	实训内容	时　间
1	水泥检测	第1天	4	钢筋检测	第4天上午
2	细骨料检测	第2天	5	混凝土配合比设计	第4天下午及第5天
3	粗骨料检测	第3天			

6. 成果要求

提交混凝土原材料及配合比原始记录一套、检验检测报告一套。

7. 考核评价

每个工作任务均设有学生自评、小组互评与教师评价，全部工作任务完成后，按照各个工作任务在全部课程中的权重（各占20％），给出每位学生最终的实践工作评价，见表0-3。

表0-3　　　　　　　　　　　　建筑材料检测综合实训考核评价

学号	姓名	分　值					总评
		工作任务一	工作任务二	工作任务三	工作任务四	工作任务五	

8. 参考资料

（1）中华人民共和国国家质量监督检验检疫总局，中国国家标准化管理委员会．GB/

T 1345—2005 水泥细度检验方法 筛析法 ［S］. 北京：中国标准出版社，2005.

（2）中华人民共和国国家质量监督检验检疫总局，中国国家标准化管理委员会 . GB/T 1346—2011 水泥标准稠度用水量、凝结时间、安定性检验方法 ［S］. 北京：中国标准出版社，2012.

（3）国家市场监督管理总局，国家标准化管理委员会 . GB/T 17671—2021 水泥胶砂强度检验方法（ISO 法）［S］. 北京：中国标准出版社，2021.

（4）中华人民共和国国家质量监督检验检疫总局，中国国家标准化管理委员会 . GB 175—2007 通用硅酸盐水泥 ［S］. 北京：中国标准出版社，2008.

（5）中华人民共和国水利部 . SL/T 352—2020 水工混凝土试验规程 ［S］. 北京：中国水利水电出版社，2021.

（6）国家能源局 . DL/T 5330—2015 水工混凝土配合比设计规程 ［S］. 北京：中国电力出版社，2015.

（7）中华人民共和国水利部 . SL 677—2014 水工混凝土施工规范 ［S］. 北京：中国水利水电出版社，2015.

（8）国家能源局 . DL/T 5144—2015 水工混凝土施工规范 ［S］. 北京：中国电力出版社，2015.

（9）中华人民共和国国家质量监督检验检疫总局，中国国家标准化管理委员会 . GB/T 28900—2012 钢筋混凝土用钢材试验方法 ［S］. 北京：中国标准出版社，2013.

（10）中华人民共和国国家质量监督检验检疫总局，中国国家标准化管理委员会 . GB/T 1499.2—2018 钢筋混凝土用钢 第 2 部分：热轧带肋钢筋 ［S］. 北京：中国标准出版社，2018.

（11）中华人民共和国国家质量监督检验检疫总局，中国国家标准化管理委员会 . GB/T 1499.1—2017 钢筋混凝土用钢 第 1 部分：热轧光圆钢筋 ［S］. 北京：中国标准出版社，2017.

（12）国家市场监督管理总局，国家标准化管理委员会 . GB/T 228.1—2021 金属材料拉伸试验 第 1 部分：室温试验方法 ［S］. 北京：中国标准出版社，2021.

（13）中华人民共和国国家质量监督检验检疫总局，中国国家标准化管理委员会 . GB/T 232—2010 金属材料 弯曲试验方法 ［S］. 北京：中国标准出版社，2011.

工作任务一　水泥检测

一、工作任务

　　某混凝土坝，所在地区最冷月份月平均气温为$-2℃$，河水无侵蚀性，该坝上游面水位涨落区的外部混凝土，最大作用水头50m，设计要求混凝土强度等级为$C_{90}25$，坍落度为$30\sim50$mm，混凝土采用机械振捣。原材料如下：

　　水泥：强度等级为42.5级的普通硅酸盐水泥，密度$3.1g/cm^3$。

　　细骨料：当地河砂。

　　粗骨料：采用当地的石灰岩石轧制的碎石，最大粒径为80mm，其中小石：中石：大石＝3：3：4。

　　该大坝的施工单位是大型国有企业，该企业混凝土强度标准差的历史统计资料为3.9MPa。

　　请完成该原材料水泥的细度、标准稠度用水量、凝结时间、安定性及胶砂强度技术指标的质量检测，并做出合格判定。

二、工作目标

　　（1）掌握水泥的取样方法和要求，掌握水泥的主要技术指标，掌握判断水泥能否满足工程使用要求的方法。

　　（2）会运用现行试验检测标准分析问题。

　　（3）能独立完成水泥检测工作任务的所有试验操作。

　　（4）能够对检测中的异常进行处理。

　　（5）能够正确填写试验检测原始记录，熟练处理检测数据。

　　（6）会填写和审阅检验检测报告。

　　（7）秉承科学严谨、精益求精、诚实协作、积极创新的工作态度。

　　（8）树立为人民服务、敬业爱岗的主人翁意识，提升应对挫折和逆境的能力。

三、任务分组

表 1 - 1 　　　　　　　　　　学 生 任 务 分 配 表

班　　级		组　　号		指 导 教 师	
组　　长		学　　号			

组　员	姓　　名	学　　号	姓　　名	学　　号

任 务 分 工	

四、引导问题

引导问题 1：水泥细度过细的优缺点是什么？

小提示！

细度是指水泥的磨细程度。水泥磨得越细，其总表面积越大，与水发生水化反应的速度越快，水泥石的早期强度就越高；但是水泥越细，水泥石硬化后的体积收缩越大，收缩裂纹增多且后期强度发展不足，必然导致混凝土长期强度下降速率加快，致使混凝土开裂，并且水泥颗粒过细容易受潮而降低其活性，生产成本也越高。

引导问题 2：标准稠度用水量检测结果对凝结时间与安定性有什么影响？

小提示！

由于加水量多少对水泥的一些技术性质（如凝结时间、安定性等）的测定值影响很大，故测定这些性质时，必须在一个规定的稠度下进行。这个规定稠度，称为标准稠度。水泥净浆达到标准稠度时，所需的拌和水量（以占水泥质量的百分比表示），称为标准稠度用水量。

在水泥用量不变的情况下，增加拌和用水量会延长水泥的"凝结时间"，即同一水泥用不同稠度的水泥净浆所测得的凝结时间是不相同的，拌和用水量对凝结时间的影响是很

5

大的。因此，检测水泥凝结时间的净浆应为标准稠度净浆，这就使得标准稠度用水量的测定准确与否成为准确检测凝结时间的前提。

　　由于用于检测安定性的水泥净浆应为标准稠度净浆，所以标准稠度用水量的测定一定要准确，一旦有误，那么用于检测安定性的净浆就不是标准稠度净浆。若标准稠度检测结果偏大，据此拌制的净浆稠度会大于标准稠度，有可能使原本安定性合格的水泥被检测为不合格；相反，标准稠度检测结果偏小时，据此拌制的净浆稠度小于标准稠度，又可能使安定性不合格的水泥被检测为合格。这两者的后果都很严重，尤其是后者，会导致不合格的水泥被使用于工程，从而严重影响工程的结构安全。

　　引导问题3：水泥的凝结时间在施工中具有什么重要意义？

小提示！

　　水泥的凝结时间有初凝与终凝之分。初凝时间为水泥加水拌和时起，至标准稠度净浆开始失去可塑性所需的时间。终凝时间为水泥加水拌和时起，至标准稠度净浆完全失去可塑性并开始产生强度所需的时间。水泥初凝时间不宜过快，以便有足够的时间在初凝之前完成混凝土生产、运输、浇筑等各工序的施工操作，如果上下两层混凝土的浇筑时间间隔超过水泥的初凝时间，此时就会形成施工的质量缝即冷缝；终凝时间也不宜过迟，以便使混凝土在浇捣完毕后，尽早完成凝结并硬化，具有一定的强度，以利于下一步施工工作的进行。

　　引导问题4：引起水泥体积安定性不良的主要原因是什么？

小提示！

　　水泥体积安定性是反映水泥浆体在硬化过程中或者硬化后体积是否均匀变化的性能。安定性不良的水泥，在浆体硬化过程中或者硬化后产生不均匀的体积膨胀并引起开裂，进而影响和破坏工程质量，甚至引起严重的事故，因而体积安定性不良的水泥不能用于工程中。

　　引起体积安定性不良的主要原因是熟料中含有过量的游离氧化钙、游离氧化镁或掺入的石膏过多。因游离 CaO 和游离 MgO 均是过烧的，熟化很慢，它们在水泥硬化后开始或继续进行水化反应，在熟化过程中体积膨胀而使水泥石开裂。对于由游离 CaO 引起的水泥体积安定性不良，可采用试饼法或雷氏法检验。

　　引导问题5：水泥强度是指水泥净浆的强度吗？

小提示！

　　水泥强度是指水泥胶砂的强度，而不是指水泥净浆的强度。水泥胶砂是以水泥、标准

砂和水按特定配合比所拌制的水泥砂浆；水泥胶砂强度是表示水泥力学性能的一种量度，是按水泥强度检验标准规定配制成水泥胶砂试件，经一定龄期的标准养护后所测得的强度。

引导问题 6：水泥检测工作任务使用的技术标准有哪些？

引导问题 7：同学们在试验中需要具备什么样的工作态度？

引导问题 8：实验室"6S管理"包含哪些内容？

引导问题 9：任务结束后，同学们需要做哪些工作方能离开实验室？

五、工作计划

请各组同学制订水泥检测任务工作方案，完成表1-2～表1-4的内容。

表1-2　　　　　　　　　　　水泥检测任务工作方案

步骤	工 作 内 容	负责人
1		
2		
3		
4		
5		
⋮		

表1-3　　　　　　　　　　　工具、耗材和器材清单

工作内容	序　号	名　称	型号与规格	精　度	数　量	备　注

表 1-4　　　　　　　　　　工 作 环 境 记 录 表

工作内容	日期	上　午						下　午					
		温度/℃	相对湿度/%	调控措施	采取措施后		记录人	温度/℃	相对湿度/%	调控措施	采取措施后		记录人
					温度/℃	相对湿度/%					温度/℃	相对湿度/%	

六、进度决策

表 1-5　　　　　　　　　　工 作 进 度 安 排 表

工 作 内 容	工作时间安排		工 作 内 容	工作时间安排	
	第 1 天上午	第 1 天下午		第 1 天上午	第 1 天下午
细度试验	√		安定性试验	√	√
标准稠度用水量试验	√		胶砂强度试验		√
凝结时间试验	√	√			

七、工作实施

（一）水泥取样

请同学们完成水泥取样、送检任务，并填写表 1-6 和表 1-7。

表 1-6　　　　　　　　　　水 泥 见 证 取 样 记 录 表

工程名称：　　　　　　　　　　　　　　　　　　　　　　　　编号：

样品名称		取样地点	
取样部位			
取样数量		取样日期	

见证记录：

取样人签字（印章）：＿＿＿＿＿＿＿＿＿＿＿
见证人签字（印章）：＿＿＿＿＿＿＿＿＿＿＿

　　　　　　　　　　　　　　　　　　　　　　　　　　　填制日期：

备注	

表 1－7　　　　　　　　　　　　　　**水泥见证取样送样委托单**

委托编号：

工程名称			工程地点		
委托单位			施工单位		
建设单位			监理单位		
见证单位（盖章）			见证人（签字）		送样人（签字）
样品来源		委托日期		联系电话	

检验编号	样品名称	规格	产地	送样数量	代表批量	使用部位

检验项目						
收样日期	年　月　日	收样人		预定取报告日期	年　月　日	付款方式

小提示！

散装水泥槽形管状取样器（图 1－1）取样：当所取水泥深度不超过 2m 时，采用槽形管状取样器取样。通过转动取样器内管控制开关，在适当位置插入水泥一定深度，关闭后小心抽出。将所取样品放入洁净、干燥、不易受污染的容器中。

图 1－1　散装水泥槽形管状取样器

袋装水泥取样管（图 1－2）取样：随机选择 20 个以上不同的部位，将取样管沿对角线方向插入水泥包装袋适当深度，用大拇指按住气孔，小心抽出取样管。将所取样品放入洁净、干燥、不易受污染的容器中。

气孔

图 1－2　袋装水泥取样管

（二）水泥细度试验

1. 水泥细度试验流程

（1）样品准备：将缩分好的水泥样品通过＿＿＿＿mm 方孔筛，将过筛好的样品装入广口瓶中备用，要防止过筛时混进其他材料。

将水泥标准粉装入干燥洁净的密封广口瓶中，盖上盖子摇动 2min，消除结块，静置 2min 后，用一根干燥洁净的搅拌棒搅匀样品。

（2）筛析试验前，应把负压筛放在筛座上，盖上筛盖，接通电源，检查控制系统，调节负压至_____范围内。

（3）负压筛标定。

（4）称取水泥试样_____g，精确至 0.01g，置于洁净的负压筛中，盖上筛盖，放在筛座上，开动筛析仪连续筛析_____min，在此期间，应轻轻敲击筛盖，使附在筛盖上的试样落下。筛毕，用天平称量_____g。重复性试验，重新称取样品，按照上面的步骤重新进行试验。

（5）当工作负压小于_____Pa 时应及时清理吸尘器内的水泥，使负压恢复正常。

小提示！

（1）负压筛析仪压力达不到 4000Pa，可能是出现了堵塞现象，应及时清理吸尘器内的水泥。另外，压力不够也有可能是筛盖和筛上口的密封性不好，要更换橡皮圈。

（2）筛析完后要清扫筛子，清洗外壳。如果有试样堵塞在筛网上，可以将筛网反放在筛析仪上盖上筛盖，空筛一段时间；不可以用力挖，否则会损害筛网。筛子使用 10 次后要清洗，清洗时要用专门的清洗剂，不可用弱酸浸泡，否则会严重影响试验结果的准确性。

（3）要保持仪器的水平，避免受到外界的振动和冲击影响。

（4）一般做 100 个试样后应校准筛网一次。

2. 结果计算与数据处理

（1）按式（1-1）计算水泥试样筛余百分率，计算结果精确至 0.1%：

$$F = \frac{R_t}{W} \times 100\% \qquad (1-1)$$

式中　F——水泥试样筛余百分数；

　　　R_t——水泥筛余物的质量，g；

　　　W——水泥试样的质量，g。

合格评定时，取两次筛余平均值作为筛析结果。

若两次筛余结果绝对误差大于 0.5%（筛余值大于 5.0% 时可放至 1.0%）应再做一次试验，取两次相近结果的算术平均值作为最终结果。

（2）将试验数据填入表 1-8。

表 1-8　　　　　　　　　　　　水泥细度试验原始记录

委托编号		检测编号			样品编号	
品种等级		出厂编号			委托日期	
样品状态		温度湿度	℃	%	试验日期	
检验依据						

检验设备			
筛析方法			
	□0.080mm 筛		□0.045mm 筛
试验	1		2
试样质量/g			
筛余物质量/g			
筛余百分数/%			
平均值/%			
修正系数			
细度/%			

小提示！

称取标准粉 10g，精确至 0.01g，将标准粉倒入被标定试验筛，中途不得有任何损失，盖上筛盖，接通电源，开动筛析仪连续筛析 2min。在此期间，应轻轻敲击筛盖，使附在筛盖上的试样落下。筛毕，用天平称量全部筛余物，精确至 0.01g。每个试验筛的标定应称取两个标准样品连续进行，中间不得插做其他样品试验。计算试样筛余百分数，结果精确至 0.1%。当两个样品筛余结果相差不大于 0.3% 时，将两个标准粉筛余百分数的算术平均值作为最终值，否则应称第三个样品进行试验，并取接近的两个结果进行平均作为最终结果。

修正系数按式（1-2）计算（精确至 0.01）：

$$C = \frac{F_s}{F_t} \qquad (1-2)$$

式中　C——试验筛修正系数；

　　　F_s——标准样品的筛余标准值，单位为质量百分数，%；

　　　F_t——标准样品在试验筛上的筛余值，单位为质量百分数，%。

当 C 值为 0.80～1.20 时，试验筛可继续使用，C 可作为结果修正系数。当 C 值超出 0.80～1.20 范围时，试验筛应予淘汰。

修正系数平均值计算参考表 1-9。

表 1-9　　　　　　　　　　水泥负压筛标定记录

校准日期		校准人		筛子型号	
试验			1	2	3
标准粉质量/g			10.00	10.00	
筛余质量/g			0.67	0.67	
筛余百分数/%			6.7	6.7	
平均值/%			6.7		
标准粉筛余百分数/%			7.31		
修正系数			1.09		

（三）水泥标准稠度用水量试验

1. 水泥标准稠度用水量试验流程

（1）样品准备：水泥样品应均匀、无潮湿结块，过_____mm方孔筛，过程中防止其他材料混入。试验用水应是洁净的饮用水，如有争议，应以蒸馏水为准。

（2）仪器设备检查：用标准检测杆检测净浆搅拌机叶片与锅底的间隙，通过1mm不通过3mm检测杆即为符合要求，使用前空转一周。维卡仪的滑动杆能自由滑动，试模和玻璃底板用湿布擦拭；调整至试杆接触玻璃板时指针对准零点，然后用湿布覆盖试模及玻璃底板。

（3）用湿布擦拭搅拌锅和搅拌叶片并用湿布覆盖，称取试样_____g（精确至1g），量取拌和水____mL，将拌和水倒入搅拌锅内，然后在5～10s内小心将称好的水泥加入水中。将锅放在搅拌机的锅座上，升至搅拌位置，启动搅拌机，低速搅拌____s，停____s，再高速搅拌_____s停机。取下搅拌锅，用刮刀拌匀水泥净浆。

（4）立即取适量拌和好的水泥净浆，一次性装入已置于玻璃底板上的试模中，浆体超过试模上端，用宽约25mm的直边刀轻轻拍打超出试模部分的浆体_____次以排除浆体中的孔隙。在试模上表面约_____处，略倾斜于试模分别向外轻轻锯掉多余净浆，再从试模边沿轻抹顶部_____次。

（5）抹平后迅速将试模和底板移到维卡仪上，将其中心定在试杆下，降低试杆直至与水泥净浆_____接触，拧紧螺丝1～2s后，突然放松，使试杆_____沉入水泥净浆中，在试杆_____或释放试杆_____时，记录试杆距底板的距离。升起试杆后立即擦净。

（6）搅拌完成后_____min内，以_____时的拌和水量为标准稠度用水量。如果不足_____mm或超过_____mm时，需另称试样，调整用水量重新试验，直至满足上述要求。

小提示！

（1）搅拌开始前，要注意将搅拌锅和叶片用湿布擦拭，否则干燥的搅拌锅和叶片会吸收水泥净浆中的水分，使检测结果偏高。所用湿布的材质最好为纯棉质，因为非棉质湿布擦过的锅和叶片所残存的水分相对较多，易使检测结果偏低。量水器中的水和水泥倒入搅拌锅时，注意不要溅出。当低速搅拌结束后，要注意将叶片和锅壁上的水泥浆刮入锅中间以搅拌均匀。

（2）在刮多余净浆时应从试模的1/3处开始分两次刮去多余净浆，然后一次抹平，若从侧边开始刮，会出现中心高周边低的现象，影响试杆下沉的准确读数。锯掉多余净浆和抹平过程中不要压实净浆。

（3）整个操作应在搅拌后1.5min内完成，因为水泥加水拌和后就发生水化反应，随着时间的推移，水泥净浆由于水化反应而逐渐失去流动性和可塑性，对试杆的阻力会越来越大。因此时间过长，会使稠度的检测结果偏大。

2. 结果计算与数据处理

将试验数据填入表 1-10。

表 1-10　　　水泥标准稠度用水量（调整水量法）试验原始记录

委托编号		检测编号			样品编号	
品种等级		出厂编号			委托日期	
样品状态		温度湿度		℃　　%	试验日期	
检验依据						
检验设备						
试验	水泥用量/g	实际用水量/g		试杆距离底板深度/mm	标准稠度用水量 P/%	
1						
2						
3						

小提示！

当实际用水量为 140mL 时，试杆距底板深度是 6mm，则标准稠度用水量为

$$P = \frac{140}{500} \times 100\% = 28\%$$

（四）水泥凝结时间试验

1. 水泥凝结时间试验流程

（1）样品准备：称水泥_____g，以_____mL用水量调成净浆（加水时记录时间），一次性装满试模，拍打、抹平后放入养护箱内。

（2）指针对准标尺_____。

（3）初凝时间的测定用_____。试件养护至加水后_____时进行第一次测定。测定时，从养护箱中取出试模放到试针下，降低试针与净浆表面接触，拧紧螺丝1～2s后，突然放松，试针垂直自由地沉入净浆。观察试针停止下沉或_____时指针的读数。在最初测定的操作时应轻轻扶持金属柱，使其徐徐下降，以防_____。临近初凝时，每隔_____测定一次，当试针沉至距底板_____时，应立即重复测_____次，当两次结论相同时才能确定到达初凝状态。

（4）终凝时间的测定用_____。在完成初凝时间的测定以后立即将试模连同浆体以平移的方式从玻璃板取下，旋转180°，直径大端向上，小端向下放在玻璃板上，再放入湿气养护箱中继续养护。临近终凝时间时，每隔_____测定一次。当试针沉入试件_____时，即环形附件开始不能在试体上留下痕迹时，需在试体_____测试，确认结论相同才能确定到达终凝状态。

小提示！

（1）测定时应注意，在最初测定的操作时应轻轻扶持金属柱，使其徐徐下降，以防试

针撞弯，但结果以自由下落的为准，试针撞弯要及时更换。

（2）因为受到阻力的影响，每次测试时要在不同的位置，不能在原孔和挨着原孔的位置测试，在原孔和紧挨原孔的位置浆体对试针的阻力减小。另外，试针应离试模壁至少10mm，因为离试模距离越近，浆体对试针的阻力越大。

（3）临近初凝时每隔5min（或者更短时间）测定一次，临近终凝时每隔15min（或更短时间）测定一次。到达初凝时应立即重复测一次，当两次结论相同时才能确定到达初凝状态。到达终凝时，需在试体另外两个不同点测试，确认结论相同才能确定到达终凝状态。每次测定不能让试针落入原针孔，测试完毕须将试针擦净并将试模放回湿气养护箱内。

（4）在凝结时间测定过程中不能让试模受到振动，振动会导致浆体紧密影响试针下沉，最终影响结果的准确性。

2. 结果计算与数据处理

初凝时间：由水泥全部加入水中至初凝状态的时间为水泥的初凝时间，用"min"表示。

终凝时间：由水泥全部加入水中至终凝状态的时间为水泥的终凝时间，用"min"表示。

将试验数据填入表1-11。

表1-11　　　　　　　　　　水泥凝结时间试验原始记录

委托编号		检测编号			样品编号		
品种等级		出厂编号			委托日期		
样品状态		温度湿度	℃　　%		试验日期		
检验依据							
检验设备							

凝结时间（加水时间：＿＿时＿＿分）

序　号	1	2	3	4	5	6	7	8	9	10
测定时间										
试针沉入深度/mm										
累计时间/min										
序　号	11	12	13	14	15	16	17	18	19	20
测定时间										
试针沉入深度/mm										
累计时间/min										
初凝时间/min				终凝时间/min						

（五）水泥安定性试验

1. 水泥安定性试验流程

（1）样品准备：称水泥_____g，以_____mL用水量调成净浆。

（2）标准法（雷氏法）。凡与水泥净浆接触的玻璃板和雷氏夹内表面都要_____ _____。将预先准备好的雷氏夹放在已稍擦油的玻璃板上，并立即将已制好的水泥标准稠度净浆一次装满雷氏夹，装浆时一只手轻轻扶持雷氏夹，另一只手用宽约25mm的直边刀在浆体表面轻轻插捣_____次，然后抹平，盖上稍涂油的玻璃板，接着立即将试件移至湿气养护箱内养护_____。调整好沸煮箱内的水位，脱去玻璃板取下试件，先测量_____（A）（精确到0.5mm），然后将试件放在沸煮箱水中的试件架上，指针朝上，在_____内加热至沸腾并恒沸_____。沸煮结束后，立即放掉沸煮箱中的热水，打开箱盖，待箱体冷却至室温，取出试件，再次测量_____（C）（精确到0.5mm）。

（3）代用法（试饼法）。每个样品需准备两块边长约100mm的玻璃板，凡与水泥净浆接触的玻璃板都要稍稍涂上一层油。将制好的标准稠度净浆取出一部分分成两等份，使之成球，放在预先准备好的玻璃板上，轻轻_____振动玻璃板并用湿布擦过的小刀由_____向_____抹，做成直径_____、中心厚约_____、边缘渐薄、表面光滑的试饼，接着将试饼放入湿气养护箱内养护（24±2）h。脱去玻璃板取下试饼，在试饼无缺陷的情况下将试饼放在沸煮箱水中的篦板上，在（30±5）min内加热至沸腾并恒沸（180±5）min。沸煮结束后，立即放掉沸煮箱中的热水，打开箱盖，待箱体冷却至室温，取出试件进行判别。

小提示！

（1）一个样品在检测时，所选的两只雷氏夹弹性值要接近，误差最好不超过2mm，同时雷氏夹其余尺寸也要符合标准。

（2）要尽量选择质量接近的两块配重玻璃作为一个样品的检测，误差最好不超过1.5g；若检测量大，每日超过20个样品时，配重玻璃的配对工作须每月检查一次。

（3）净浆应尽量充满雷氏夹，减少空洞，避免两试件差值过大。

（4）雷氏夹的弹性检查和配对工作也应每月一次，如果安定性不合格出现多次，就要相应增加检查次数。

（5）定期检查水泥净浆搅拌机，特别是搅拌叶片与锅底、锅壁的间隙必须在范围内，还有仪器的程控时间是否符合标准，否则制得的净浆水化不均匀，使得试饼变形造成误判，或是两雷氏夹煮后增加值超过5mm，给检测带来麻烦。

（6）使用恒温恒湿的养护箱（可自动控制）进行养护，以排除因养护不符合要求而造成的结果误判。

（7）掌握好脱模时间。当日检测样的养护时间必须在（24±2）h范围内。特别是标准法（雷氏法），若养护时间不够，相应地增大了试件煮后的增加距离（C−A），也可理解为A值被人为减小，合格品也就被判为不合格品；反之，养护时间过长，A值被人为增大，（$C-A$）相应减小，不合格品却被判为合格品。同样，养护时间的长短也会使代用法（试饼法）的结果失真。

2. 结果计算与数据处理

测量雷氏夹指针尖端间的距离（C），准确至 0.5mm。当两个试件沸煮后增加距离（$C-A$）的＿＿＿＿＿＿＿＿时，即认为该水泥安定性合格。当两个试件的（$C-A$）值相差超过＿＿＿＿＿＿＿＿时，应用同一样品立即重作一次试验。以复检结果为准。

目测试饼＿＿＿＿＿＿＿＿＿＿＿＿＿，用钢直尺检查＿＿＿＿＿＿＿＿＿的试饼为安定性合格，反之为不合格。

将试验数据填入表 1-12。

表 1-12　　　　　　　　　　　　水泥安定性试验原始记录

委托编号		检测编号			样品编号	
品种等级		出厂编号			委托日期	
样品状态		温度湿度	℃　　%		试验日期	
检验依据						
检验设备						

安定性	雷氏法/mm						试　饼　法
	雷氏夹编号：			雷氏夹编号：			试饼裂缝、弯曲形态
	A_1	C_1	C_1-A_1	A_2	C_2	C_2-A_2	
							1
	两试件（$C-A$）值的差值			平均膨胀值			2

（六）水泥胶砂强度试验

1. 水泥胶砂强度试验流程

（1）样品准备：胶砂的质量配合比为：水泥：砂：水＝＿＿＿＿＿＿。水泥＿＿＿＿＿＿g，砂＿＿＿＿g，水＿＿＿＿g/mL。

（2）胶砂制备。试验前所使用的仪器及试验工具＿＿＿＿＿＿，然后使水泥胶砂搅拌机、水泥胶砂成型振实台处于待运行状态。

依次把水、水泥加入搅拌锅，升至搅拌位，开动仪器，低速搅拌＿＿＿＿s后，第二个低速搅拌＿＿＿＿s开始的同时均匀将砂子加入，再高速搅拌＿＿＿＿s，停拌＿＿＿＿s，在停拌的前＿＿＿＿s将搅拌锅放下，用刮具将叶片、锅壁和锅底上的胶砂刮入锅中，高速继续搅拌＿＿＿＿s，时间误差应在±1s以内。

（3）试体制备。胶砂制备后立即装模成型，将空试模和模套固定在振实台上，用料勺将锅壁上的胶砂清理到锅内，并翻转搅拌胶砂，使其更加均匀。成型时将胶砂分＿＿＿＿层装入试模，装第一层时每个槽内约放 300g 胶砂，先用料勺沿模长度方向划动胶砂以布满模槽，再用大布料器垂直架在模套顶部沿每个模槽来回一次将料层布平，接着振实＿＿＿＿次；再装入第二层胶砂，用料勺沿试模长度方向划动胶砂以布满模槽，但不能接触已振实胶砂，再用小布料器布平，振实＿＿＿＿次。每次振实时可将一块用水湿过拧干、比模套尺寸稍大的棉纱布盖在模套上以防止振实时胶砂飞溅。

移走模套，从振实台上取下试模，用一金属直边尺以近似 90°的角度（但向刮平方向稍斜）架在试模模顶的一端，然后沿试模长度方向以横向锯割动作慢慢向另一端移动，将超过试模部分的胶砂刮去。锯割动作的多少和直尺角度的大小取决于胶砂的稀稠程度，较稠的胶砂需要多次锯割，锯割动作要慢以防止拉动已振实的胶砂。用拧干的湿毛巾将试模端板顶部的胶砂擦拭干净，再用同一直边尺以近乎水平的角度将试体表面抹平。抹平的次数要尽量少，总次数不应超过 3 次。最后将试模周边的胶砂擦除干净，用毛笔或其他方法对试体进行编号。两个龄期以上的试体，在编号时应将同一试模中的 3 条试体分在两个以上龄期内（图 1-3）。

编号	3d	编号	28d
编号	28d	编号	3d
编号	3d	编号	28d

图 1-3　试件编号示意图

（4）试体养护。脱模前的处理和养护：在试模上盖一块玻璃板（玻璃板应有磨边），也可用相似尺寸的钢板或不渗水的、和水泥没有反应的材料制成的板。盖板不应与水泥胶砂接触，盖板与试模之间的距离应控制在_____～_____mm 之间。立即将做好标记的试模放入养护室或湿箱的水平架子上养护，湿空气应能与试模各边接触。一直养护到规定的脱模时间取出脱模。

脱模：可以用橡皮锤或脱模器非常小心地脱模。对于 24h 龄期的，应在破型试验前_____min 内脱模。对于 24h 以上龄期的，应在成型后_____～_____h 之间脱模。已确定作为 24h 龄期试验的已脱模试体，应用湿布覆盖至做试验时为止。

水中养护：将做好标记的试体立即水平或竖直放在（20±1）℃水中养护，水平放置时刮平面应朝上。试体放在不易腐烂的篦子上，试体间保持一定间距，让水与试体的六个面接触。养护期间试体之间间隔或试体上表面的水深不应小于_____mm。

每个养护池只养护同类型的水泥试体。最初用自来水装满养护池，随后随时加水保持适当的水位，在养护期间可以更换不超过_____%的水。

（5）抗折强度测定。将试体一个_____面放在试验机支撑圆柱上，试体长轴_____于支撑圆柱，通过加荷柱以（50±10）N/s 的速率均匀地将荷载垂直地加在棱柱体相对侧面上，直到折断。

（6）抗压强度测定。抗折强度试验后的_____个断块试件保持潮湿状态，将断块试件依次放入抗压夹具内，并以半截棱柱体的侧面作为受压面。启动试验机，以_____N/s 的速率进行加荷，直至试件破坏。

小提示！

（1）中国 ISO 标准砂在使用前应妥善存放，避免破损、污染、受潮；水泥样品应储存在气密的容器里，这个容器不应与水泥发生反应，试验前混合均匀，无潮湿结块（没有过 0.9mm 方孔筛的要求）；验收试验或有争议时，应使用符合《分析实验室用水规格和试验方法》（GB/T 6682—2008）规定的三级水，其他试验可用饮用水。以上材料温度需要与实验室温度相同，故应提前在试验环境中放置一定时间。

（2）平行试验时，第一次要润湿搅拌锅和叶片，保证无明水；第二次要尽量擦拭干净。搅拌完毕观察锅底是否有死角没搅到。

（3）试体成型前，三联模的隔板、端板和底座要擦净，在其内表面均匀涂一层机油，外接缝涂覆黄油，达到紧密配合，防止漏浆。成型过程中两次装料应均匀，否则振实过程中胶砂中气泡排出情况不同，影响振实效果，引起试体强度波动大。

（4）脱模前养护时不应将试模放在其他试模上。脱模时，如果经24h养护会因脱模对强度造成损害，可以延迟至24h以后脱模，但在试验报告中应予说明；脱模损害原因一般有胶砂强度低、内壁未涂机油、内壁沾有黄油等。

（5）除24h龄期或延迟至48h脱模的试体外，任何到龄期的试体应在试验（破型）前提前从水中取出，并用湿布覆盖至试验为止。试体龄期从水泥加水搅拌开始试验时算起。

（6）抗折试验时用抹布擦去试体表面的附着水分和砂粒然后摆正于抗折夹具上，试体刮平面对准操作者放入，并检查上下面的气孔，气孔多的一面向上作为加荷面；抗压试验时半截棱柱体中心与压力机压板中心差应在±0.5mm内，棱柱体露在压板外的部分约有10mm，每压完一块应用毛刷将上下压板刷净，避免砂粒等残留于压板上对下一块结果产生影响。

2. 结果计算与数据处理

（1）按式（1-3）计算每个试件的抗折强度 R_f（MPa），精确至0.1MPa。

$$R_f = \frac{1.5 F_f L}{b^3} \tag{1-3}$$

式中　R_f——水泥胶砂试件的抗折强度，MPa；

　　　F_f——折断时施加于棱柱体中部的荷载，N；

　　　L——支撑圆柱之间的距离，mm；

　　　b——棱柱体正方形截面的边长，mm。

以一组三个棱柱体抗折结果的_____作为试验结果。

当三个强度值中有_____个超出平均值的_____时，应剔除后再取平均值作为抗折强度试验结果。

当三个强度值中有_____个超出平均值的_____时，应_____作为抗折强度试验结果。

算术平均值精确至0.1MPa。

（2）按式（1-4）计算每个试件的抗压强度 R_c（MPa），精确至0.1MPa。

$$R_c = \frac{F_c}{A} \tag{1-4}$$

式中　R_c——水泥胶砂试件的抗压强度，MPa；

　　　F_c——试件破坏时的最大荷载，N；

　　　A——受压部分面积，mm²，该任务受压面积为 40mm×40mm＝1600mm²。

以一组三个棱柱体上得到的六个抗压强度测定值的_____作为试验结果。如六个测定值中有一个超出其平均值的_____，就应剔除这个结果，而以_____的平均值作为结果。如果五个测定值中再有超过它们平均值_____的，则此组结果作废。如果六个测定值中同时有_____个或_____个以上超出平均值的_____时，则此组结果作废。

（3）将试验数据填入表1-13。

表 1 - 13　　　　　　　　　　水泥强度试验原始记录

委托编号		检测编号			样品编号	
品种等级		出厂编号			委托日期	
样品状态		温度湿度	℃	%	试验日期	
检验依据						
检验设备						

水泥胶砂强度（加水时间：＿＿＿年＿＿＿月＿＿＿日＿＿＿时＿＿＿分）

龄期		3d（破型时间：　年　月　日　时　分）				平均值	28d（破型时间：　年　月　日　时　分）				平均值
抗折	折断荷载/N										
	抗折强度/MPa										
抗压	破坏荷载/kN										
	抗压强度/MPa										

（七）水泥检验检测报告

水泥检测工作任务全部完成后，各组同学需填写水泥检验检测报告，见表 1 - 14。

表 1 - 14　　　　　　　　　　水 泥 检 验 检 测 报 告

第 1 页/共 1 页

检验编号：		委托编号：			
工程名称			委托日期		年 月 日
委托单位			成型日期		年 月 日
见证单位			报告日期		年 月 日
使用部位			样品来源		见证取样
样品名称		规格型号	检验性质		委托
样品状态		代表批量/t	取样人		
生产厂家		出厂编号	见证人		
检验依据	（例：GB/T 1346—2011、GB/T 2419—2005、GB/T 17671—2021）				
检验设备	〔例：天平（HHSY -××××）、维卡仪（HHSY -××××）、雷氏夹测定仪（HHSY -××××）、水泥折压一体机（HHSY -××××）、标准恒温恒湿养护箱（HHSY -××××）〕				

物 理 性 能

序号	检验项目		计量单位	标准值	检验结果
1	密度		g/cm³		
2	细度	筛余百分数	%		
		比表面积	m²/kg		

续表

序号	检验项目		计量单位	标准值	检验结果
3	标准稠度用水量		%		
4	凝结时间	初凝	min		
		终凝	min		
5	安定性	雷氏法	mm		
		试饼法	mm		
6	胶砂流动度		mm		

7	强度	龄期/d	抗折强度/MPa		抗压强度/MPa	
			标准值	检验结果	标准值	检验结果
		3				
		28				

检验结论	［例：经检测，该水泥样品符合《通用硅酸盐水泥》（GB 175—2007）的技术要求。］		
声明	本检验检测报告仅对送检样品负责，涂改增删无效，未加盖检测报告专用章无效，复印件无效		
备注		检验单位	××××××检测公司 （盖章）

批准：　　　　　　　　　　　审核：　　　　　　　　　　　　　　检验：

小提示！

《通用硅酸盐水泥》（GB 175—2007）对水泥的品质提出如下要求。

1. 细度

硅酸盐水泥、普通硅酸盐水泥以比表面积表示，不低于 $300m^2/kg$。矿渣硅酸盐水泥、火山灰质硅酸盐水泥、粉煤灰硅酸盐水泥和复合硅酸盐水泥以 $80\mu m$ 或 $45\mu m$ 方孔筛筛余表示（$80\mu m$ 方孔筛筛余不大于 10%，$45\mu m$ 方孔筛筛余不大于 30%）。

2. 凝结时间

硅酸盐水泥初凝时间不小于 45min，终凝时间不大于 390min。普通硅酸盐水泥、矿渣硅酸盐水泥、火山灰质硅酸盐水泥、粉煤灰硅酸盐水泥和复合硅酸盐水泥初凝时间不小于 45min，终凝时间不大于 600min。

3. 强度

通用硅酸盐水泥不同龄期强度应符合表 1-15 的规定。

表 1-15　　　　　　　　　通用硅酸盐水泥不同龄期强度要求

品种	强度等级	抗压强度/MPa，≥		抗折强度/MPa，≥	
		3d	28d	3d	28d
硅酸盐水泥	42.5	17.0	42.5	4.0	6.5
	42.5R	22.0		4.5	
	52.5	22.0	52.5	4.5	7.0
	52.5R	27.0		5.0	
	62.5	27.0	62.5	5.0	8.0
	62.5R	32.0		5.5	

品　　种	强度等级	抗压强度/MPa，≥		抗折强度/MPa，≥	
		3d	28d	3d	28d
普通硅酸盐水泥	42.5	17.0	42.5	4.0	6.5
	42.5R	22.0		4.5	
	52.5	22.0	52.5	4.5	7.0
	52.5R	27.0		5.0	
矿渣硅酸盐水泥 火山灰质硅酸盐水泥 粉煤灰硅酸盐水泥	32.5	12.0	32.5	3.0	5.5
	32.5R	17.0		4.0	
	42.5	15.0	42.5	4.0	6.5
	42.5R	19.0		4.5	
	52.5	22.0	52.5	4.5	7.0
	52.5R	27.0		5.0	
复合硅酸盐水泥	42.5	17.0	42.5	4.0	6.5
	42.5R	22.0		4.5	
	52.5	22.0	52.5	4.5	7.0
	52.5R	27.0		5.0	

八、评价反馈

各组代表展示成果，介绍任务的完成过程，并完成表 1-16～表 1-18。

表 1-16　　　　　　　　　　学 生 自 评 表

姓名_____　学号_____

任　　务	完 成 情 况 记 录
任务是否按时完成	
相关理论完成情况	
技能训练情况	
任务完成情况	
任务创新情况	
成果材料上交情况	
工作任务收获	

表 1-17　　　　　　　　　　　学 生 互 评 表

组号＿＿＿＿＿　组长＿＿＿＿＿

评 价 项 目	组 间 互 评 记 录
任务是否按时完成	
材料完成上交情况	
成果作品完成质量	
语言表达能力	
小组成员合作面貌	
创新点	

表 1-18　　　　　　　　　　　教 师 评 价 表

姓名＿＿＿＿＿　学号＿＿＿＿＿

评 价 项 目	自我评价（30%）	互相评价（30%）	教师评价（40%）	综合评价
学习准备				
引导问题填写				
规范操作				
关键操作要领掌握				
完成速度				
6S管理、环保节能				
参与讨论的主动性				
沟通协作				
展示汇报				
水泥检测工作任务总评分数				

注　1. 自我评价、互相评价与教师评价采用A（优秀）、B（良好）、C（合格）、D（努力）四个档次。

　　2. 综合评价采用前三项的折合分数加权平均计入，即A（优秀）、B（良好）、C（合格）、D（努力）四个等级的折合分数分别为95分、85分、75分和65分。

工作任务二　细骨料检测

一、工作任务

某混凝土坝基本情况同工作任务一。

请完成该混凝土坝所用细骨料的颗粒级配、饱和面干表观密度、表面含水率、堆积密度及含泥量技术指标的质量检测，并做出合格判定。

二、工作目标

（1）掌握细骨料的取样方法和要求，掌握细骨料的主要技术指标，掌握判断细骨料能否满足工程使用要求的方法。

（2）会运用现行试验检测标准分析问题。

（3）能独立完成细骨料检测工作任务的所有试验操作。

（4）能够对检测中的异常进行处理。

（5）能够正确填写试验检测原始记录，熟练处理检测数据。

（6）会填写和审阅检验检测报告。

（7）秉承科学严谨、精益求精、诚实协作、积极创新的工作态度。

（8）树立为人民服务、敬业爱岗的主人翁意识，提升应对挫折和逆境的能力。

三、任务分组

表 2-1　　　　　　　　　　学 生 任 务 分 配 表

班　级		组　号		指导教师	
组　长		学　号			
组　员	姓　名	学　号		姓　名	学　号
任务分工					

四、引导问题

引导问题1：何为细骨料、天然细骨料和人工细骨料？

引导问题2：什么是颗粒级配？什么是粗细程度？

> **小提示！**
>
> 颗粒级配是指各种粒径（各粒级）的砂按比例搭配的情况，即粗细搭配的情况。颗粒级配良好的砂，颗粒之间搭配适当，大颗粒之间的空隙由小一级颗粒填充，这样颗粒之间逐级填充，能使砂的空隙率达到最小，从而达到节约水泥的目的。粗细程度是指各粒级的砂搭配在一起后的平均粗细程度。砂颗粒越粗，其总表面积较小，包裹砂颗粒表面的水泥浆数量可减少，也可达到节约水泥的目的。

引导问题3：为什么要同时考虑颗粒级配与粗细程度？

> **小提示！**
>
> 砂的颗粒级配，是表示砂大小颗粒的搭配情况。在混凝土中砂粒之间的空隙是由水泥浆所填充的，空隙率越小，混凝土骨架越密实，所需水泥浆越少且有助于混凝土强度和耐久性的提高。从图2-1可以看出：同一粒径（单一粒径）组成的砂，空隙率最大，如图2-1（a）所示；两种粒径（配有部分次大粒径）组成的砂，空隙率有所减小，如图2-1（b）所示；多种粒径［在图2-1（b）的剩余空隙中再填入小颗粒］组成的砂，空隙率较小，如图2-1（c）所示。

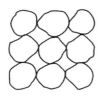 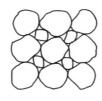 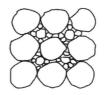

（a）同一粒径　　　　（b）两种粒径　　　　（c）多种粒径

图2-1　细骨料颗粒级配

砂的粗细程度，是指不同粒径的砂粒，混合在一起后的平均粗细程度。在相同质量条件下，细砂的总表面积较大，而粗砂的总表面积较小。在混凝土中，砂子的表面需要由水泥浆包裹，砂子的总表面积越大，则需要包裹砂粒表面的水泥浆就越多。因此，一般说用粗砂拌制混凝土比用细砂所需的水泥浆少。

所以，在拌制混凝土时，应同时考虑砂的颗粒级配和粗细程度。应选择颗粒级配好、粗细程度均匀的砂，即砂中含有较多的粗颗粒，并以适当的中颗粒及少量细颗粒填充其空隙，达到空隙率及总表面积均较小，这样的砂，不仅水泥浆用量较少，而且可以提高混凝土的密实性与强度。可见控制砂的颗粒级配和粗细程度有很大的技术经济意义，因而颗粒级配和粗细程度是评定砂质量的重要指标。

引导问题 4：什么是饱和面干细骨料？

小提示！

饱和面干细骨料，是将细骨料浸没在水中 24h 后，移入金属托盘中，低温加热并不断翻拌，使骨料颗粒表面的水分均匀蒸发，在用饱和面干试模进行试验时，试模提起后骨料颗粒坍落后呈尖锥体型。

引导问题 5：细骨料的饱和面干吸水率与表面含水率之间有何区别？

小提示！

砂料在大气中或水中会吸附一定的水分，根据砂料吸附水分的情况，将砂料的含水状态分为干燥状态、气干状态、饱和面干状态及湿润状态四种，如图 2-2 所示。砂料的含水状态会对其多种性质产生一定影响。

饱和面干吸水率是骨料从干燥状态到饱和面干状态所吸入的水量，占饱和面干状态骨料质量的百分比。而扣除饱和面干吸水率后的骨料含水率，则称为表面含水率。

饱和水　　表面水

干燥状态　气干状态　饱和面干状态　湿润状态

图 2-2　砂料的含水状态

引导问题 6：细骨料的堆积密度与空隙率之间有什么关系？

小提示！

砂料的堆积体积包括固体颗粒体积、颗粒内部孔隙体积和颗粒之间的空隙体积。堆积体积用容量筒测定。砂料堆积密度与砂料的装填条件及含水状态有关。砂料堆积密度越大，空隙率越小；反之，砂料堆积密度越小，空隙率则越大。

引导问题 7：什么是含泥量？细骨料技术指标中为什么要考虑含泥量？

小提示！

含泥量是指天然砂中粒径小于 0.08mm 的颗粒的含量，包括黏土、淤泥及细屑。天然砂的含泥量影响砂与水泥石的黏结，使混凝土达到一定流动性时需水量增加，混凝土的强度降低、耐久性变差，同时硬化后的干缩性较大。

引导问题 8：人工四分法如何进行操作？

小提示！

将细骨料拌和均匀，堆成厚约 20mm 的"圆饼"，然后沿互相垂直的两条直径把圆饼分成大致相等的 4 份，取其对角两份重新拌匀，再堆成"圆饼"。重复以上过程，直至把试样缩分到试验所需量为止。

引导问题 9：细骨料检测项目使用的技术标准是什么？

引导问题 10：同学们在试验中需要具备什么样的工作态度？

引导问题 11：任务结束后，同学们需要做哪些工作方能离开实验室？

五、工作计划

请各组同学制订细骨料检测任务工作方案，完成表 2-2～表 2-4 的内容。

表 2-2　　　　　　　　　　　　　　　细骨料检测任务工作方案

步骤	工　作　内　容	负责人
1		
2		
3		
4		
5		
⋮		

表 2 - 3   工 具 、耗 材 和 器 材 清 单

工作内容	序　号	名　称	型号与规格	精　度	数　量	备　注

表 2 - 4   工 作 环 境 记 录 表

工作内容	日期	上　午						下　午					
		温度 /℃	相对湿度 /%	调控措施	采取措施后		记录人	温度 /℃	相对湿度 /%	调控措施	采取措施后		记录人
					温度 /℃	相对湿度 /%					温度 /℃	相对湿度 /%	

六、进度决策

表 2 - 5   工 作 进 度 安 排

工　作　任　务	工作时间安排	
	第2天上午	第2天下午
颗粒级配试验	√	
饱和面干表观密度试验		√
表面含水率		√
堆积密度试验	√	
含泥量试验	√	

七、工作实施

（一）细骨料取样

请同学们完成细骨料取样、送检任务，并填写表 2 - 6 和表 2 - 7。

27

表 2 - 6　　　　　　　　　　　　　　**细骨料见证取样记录表**

工程名称：　　　　　　　　　　　　　　　　　　　　　　　　　　编号：

样品名称		取样地点	
取样部位			
取样数量		取样日期	

见证记录：

取样人签字（印章）＿＿＿＿＿＿＿＿＿＿＿

见证人签字（印章）＿＿＿＿＿＿＿＿＿＿＿

　　　　　　　　　　　　　　　　　　　　　　　　　　　　　　填制日期：

备注	

表 2 - 7　　　　　　　　　　　　　　**细骨料见证取样送样委托单**

委托编号：

工程名称			工程地点		
委托单位			施工单位		
建设单位			监理单位		
见证单位（盖章）			见证人（签字）		送样人（签字）
样品来源		委托日期		联系电话	

检验编号	样品名称	规格	产地	送样数量	代表批量	使用部位

检验项目	

收样日期	年　月　日	收样人		预定取报告日期	年　月　日	付款方式	

在料堆上取样时，取样部位应均匀分布，先将取样部位表层铲除，然后从不同部位随机抽取大致等质量的 8 份，组成一组样品。在皮带运输机取样时，应在机尾出料处用接料器定时抽取砂样 4 份组成一组样品。从火车、汽车、货船上取样时，应以不同部位、深度抽取砂样 8 份组成一组样品。

（二）细骨料颗粒级配试验

1. 细骨料颗粒级配试验流程

（1）取样前，应先将试样通过_____mm 筛。

（2）取有代表性的_____状态的细骨料充分拌匀，用_____法缩分至每份不少于_____g 的试样两份，在（105±5）℃下烘至质量恒定，冷却至室温后，进行试验。

（3）称出烘干后的细骨料质量（G_0，精确到 0.1g）_____，按筛孔大小顺序（按筛孔尺寸由大到小顺序编号即 5mm 筛为 1 号筛，0.16mm 筛为 6 号筛），将各筛和底盘紧密叠加，将全部烘干试样倒入最上 1 号筛内，加盖后将整套筛安装在摇筛机上，开机摇_____min，取下套筛，按筛孔大小顺序在清洁的金属托盘上逐个用手筛，筛至每分钟通过量不超过试样总量的 0.1% 时为止。通过的颗粒并入下一号筛中，并和下一号筛中的试样一起过筛。顺序进行，直至各号筛全部筛完为止。

（4）筛完后，将各筛上颗粒倒出，并用毛刷轻轻刷净，称出各号筛上的筛余量（a_i，精确到 0.1g）。

（1）试样烘干后如有结团，应在试验前捏碎。

（2）当试样在某一筛上的筛余量超过 200g 时，应将该筛上试样分成两份，再进行筛分，并以两次筛余量之和作为该号筛的筛余量。

（3）细骨料试样如为特细砂，每份试样量可取 250g 烘干，筛分时在最小号筛以下增加一只 0.080mm 的方孔筛，并记录和计算 0.08mm 筛的筛余量和分计筛余百分率。

（4）无摇筛机时，可直接用手筛。手筛时，将装有试样的整套筛放在试验台上，右手按着顶盖，左手扶住侧面，将套筛一侧抬起（倾斜 30°～35°），使筛底与台面成点接触，并按顺时针方向做滚动筛析 3min，然后再逐个过筛至达到要求为止。

2. 数据分析处理与原始记录填写

（1）各筛的分计筛余百分率按照式（2-1）计算：

$$P_i = \frac{a_i}{G_0} \times 100\%$$ （2-1）

式中　　P_i——i 号筛的分计筛余百分率，$i=1～6$；

　　　　a_i——i 号筛的筛余量，g；

　　　　G_0——试样总量，g。

（2）各筛的累计筛余百分率按照式（2-2）计算（修约间隔 0.1%）：

$$A_i = P_1 + \cdots + P_i \tag{2-2}$$

式中　A_i——i 号筛的累计筛余百分率，$i = 1 \sim 6$。

（3）细度模数按照式（2-3）计算：

$$FM = \frac{(A_2 + A_3 + A_4 + A_5 + A_6) - 5A_1}{1 - A_1} \tag{2-3}$$

式中　FM——细度模数；

$A_1 \sim A_6$——各筛的累计筛余百分率。

细度模数以两次测值的平均值作为试验结果（修约间隔 0.1）。

小提示!

当各筛筛余量和底盘中粉料质量的总和与试样原质量相差超过试样量的 1% 时，或两次测试的细度模数相差超过 0.2 时，应重做试验。

如有需要，可以各号筛的筛孔尺寸为横坐标，对应的累计筛余百分率为纵坐标绘制筛分曲线。

（4）将试验数据填入表 2-8。

表 2-8　　　　　　　　　　　　细骨料颗粒级配试验原始记录

委托编号		检测编号		样品编号	
品种规格		产地		委托日期	
样品状态		环境条件		试验日期	
检验依据					
检验设备					

筛孔尺寸 /mm	试验 1			试验 2			累计筛余 平均值 /%	累计筛余（%） 规范要求
	试验前总质量/g			试验前总质量/g				
	分计筛余 质量/g	分计筛余 /%	累计筛余 /%	分计筛余 质量/g	分计筛余 /%	累计筛余 /%		
5								
2.5								
1.25								
0.63								
0.315								
0.16								
筛底								

计算公式：细度模数 $FM = \dfrac{(A_2 + A_3 + A_4 + A_5 + A_6) - 5A_1}{1 - A_1}$　$FM_1 =$　　　$FM_2 =$　　　平均 $FM =$　　　级配区：

小提示!

例：若 $FM_1 = 2.74$，$FM_2 = 2.76$，则 $FM = (2.74 + 2.76)/2 = 2.75$，经数据修约后 $FM = 2.8$。

（三）细骨料饱和面干表观密度及吸水率试验

1. 细骨料饱和面干表观密度及吸水率试验流程

（1）取适量有代表性的细骨料，过5mm筛，用四分法取样至少3000g。

（2）将试样装入金属托盘中，注入清水，使水面高出试样20mm左右，用玻璃棒轻轻搅拌，排出气泡，静置24h。

（3）将上层清水倒出，在托盘中摊开试样，用手提吹风机缓缓吹入暖风，并用小钢铲不断翻拌试样，使试样表面的水分均匀蒸发。调整好手提吹风机的风速和吹风口与试样的距离，以免吹走粉料。可随时用手将适量试样抓团，观察含水状态，根据经验含水合适时立即停止。

（4）迅速将试样分两层装入饱和面干试模中捣实。第一层装入试模高度的一半，一手按住试模不应错动，一手用捣棒自试样表面高约10mm处垂直自由落下，从周围到中心均匀捣实13次。第二层装满试模，再捣实13次（如为特细砂，分两层各捣实5次；多棱角的山砂、风化砂，分两层各捣实10次）。刮平模口后，垂直将试模轻轻提起。如试样坍落呈图2-3（a）的形状，说明试样表面含水较多，应将试样倒回托盘混匀，继续吹干，再进行坍落试验，直至试样坍落呈图2-3（b）的形状，即为饱和面干状态，用湿布覆盖好调好的试样备用。如试模提起后，试样坍落呈图2-3（c）的形状，说明试样已过分干燥，将试样倒回托盘，喷适量水，将试样充分拌匀后用湿布覆盖静置30min，再按上述方法进行试验，直至达到要求为止。如试样第一次坍落就呈图2-3（b）状态，则试样已稍偏干，此时将试样倒回托盘，洒少量水，将试样充分拌匀用湿布覆盖静置片刻，再按上述方法进行试验。

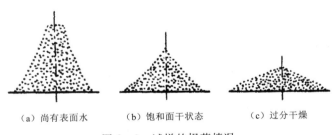

（a）尚有表面水　　　（b）饱和面干状态　　　（c）过分干燥

图2-3　试样的坍落情况

（5）迅速称取饱和面干试样约600g（G_0）两份，分别装入两个盛半满水的容量瓶内，用手旋转摇动容量瓶，排除气泡后，静置30min，测瓶内水温，然后用移液管加水至容量瓶颈刻度线处，塞紧瓶盖，擦干瓶外水分，称出试样、水及容量瓶总质量（G_1）_____。

（6）倒出瓶内的水和试样，洗净容量瓶，再向瓶内注水至瓶颈刻度线处，测量瓶内水温，擦干瓶外水分，称出质量（G_2）_____。

（7）再称取饱和面干试样约500g（G'_0）两份，烘至恒量，冷却至室温后称出干燥状态试样质量（G'）_____。

小提示！

用手旋转摇动容量瓶时，为防止传热，手和瓶之间应垫干毛巾。在操作过程中，两次加入容量瓶中的水，其温差不应超过2℃。

2. 数据分析处理与原始记录填写

（1）细骨料饱和面干表观密度按式（2-4）计算：

$$\rho_s = \frac{G_0}{G_0 + G_2 - G_1} \rho_w \qquad (2-4)$$

式中　ρ_s——细骨料饱和面干表观密度，kg/m^3；

　　　ρ_w——水的密度，kg/m^3；

　　　G_0——饱和面干状态试样质量，g；

　　　G_1——饱和面干试样、水及容量瓶总质量，g；

　　　G_2——水及容量瓶总质量，g。

（2）细骨料饱和面干吸水率按式（2-5）计算：

$$a_s = \frac{G'_0 - G'}{G'_0} \times 100\% \qquad (2-5)$$

式中　a_s——细骨料饱和面干吸水率；

　　　G'_0——饱和面干状态试样质量，g；

　　　G'——干燥状态试样质量，g。

以两次测值的平均值作为试验结果（表观密度修约间隔$10kg/m^3$，吸水率修约间隔0.1%）。当两次表观密度测值相差大于$20kg/m^3$，或两次吸水率测值相差大于0.2%时，应重做试验。

（3）将试验数据填入表2-9和表2-10。

表2-9　　　　　　　　　　　细骨料饱和面干表观密度原始记录

委托编号		检测编号		样品编号	
品种规格		产地		委托日期	
样品状态		环境条件		试验日期	
检验依据					
检验设备					

试验	饱和面干状态试样质量/g	饱和面干试样、水及容量瓶总质量/g	水及容量瓶总质量/g	水的密度/(kg/m³)	饱和面干表观密度/(kg/m³)	饱和面干表观密度平均值/(kg/m³)
1						
2						

表 2 - 10　　　　　　　　　　　**细骨料饱和面干吸水率原始记录**

委托编号		检测编号		样品编号	
品种规格		产地		委托日期	
样品状态		环境条件		试验日期	
检验依据					
检验设备					
试验	饱和面干状态试样质量/g	干燥状态试样质量/g	饱和面干吸水率/%		饱和面干吸水率平均值/%
1					
2					

小提示！

例：若平行试验 1：$\rho_{s1} = \dfrac{G_{01}}{G_{01}+G_{21}-G_{11}}\rho_w = \dfrac{600}{600+1263-1636}\rho_w = 2640$（$kg/m^3$）

平行试验 2：$\rho_{s2} = \dfrac{G_{02}}{G_{02}+G_{22}-G_{12}}\rho_w = \dfrac{600}{600+1265-1637}\rho_w = 2630$（$kg/m^3$）

两次试验的饱和面干表观密度之差为 $10kg/m^3$，小于 $20kg/m^3$。

则饱和面干表观密度为　　　（2640＋2630）/2＝2635（kg/m^3）

（四）细骨料表面含水率试验

1. 细骨料表面含水率试验流程

（1）预先测定细骨料饱和面干表观密度（ρ_s）。

（2）称取潮湿状态细骨料试样约 400g（G，精确到 0.1g，下同）两份。

（3）将试样通过漏斗装入盛有半瓶水的容量瓶内，然后用手旋转容量瓶底部，排除气泡。加水至容量瓶颈刻度线处，静置片刻，测出瓶中水温。塞紧瓶盖，擦干瓶外水分，称出试样、水及容量瓶总质量（G_2）＿＿＿＿＿＿。

（4）倒出瓶中的水和试样，将瓶内外洗净，再向瓶内注水至容量瓶颈刻度线处，静置片刻，测出瓶中水温。塞紧瓶盖，擦干瓶外水分，称出水及容量瓶总质量（G_3）＿＿＿＿＿＿

＿＿＿。

小提示！

（1）试验应在（20±2）℃环境中进行。

（2）用手旋转容量瓶底部时，手和瓶之间应垫干毛巾，防止传热。

（3）测瓶内水温时，温度计的水银球应插入容量瓶中部。

（4）前后两次注入容量瓶中的水，温度相差不应超过 2℃。

2. 数据分析处理与原始记录填写

（1）细骨料表面含水率按式（2-6）计算：

$$m_s = \frac{(\rho_s - \rho_w)\dfrac{G_1}{\rho_s} - (G_2 - G_3)}{G_2 - G_3} \times 100\% \qquad (2-6)$$

式中 m_s——细骨料表面含水率；

ρ_s——细骨料饱和面干表观密度，kg/m³；

ρ_w——试验温度下水的密度，可取 1000kg/m³；

G_1——潮湿状态试样质量，g；

G_2——试样、水及容量瓶总质量，g；

G_3——水及容量瓶总质量，g。

（2）以两次测值的平均值作为试验结果（修约间隔 0.1%）。当两次测值相差大于 0.2% 时，应重做试验。

（3）将试验数据填入表 2-11。

表 2-11 　　　　　　　　　　细骨料表面含水率原始记录

委托编号		检测编号		样品编号	
品种规格		产地		委托日期	
样品状态		环境条件		试验日期	
检验依据					
检验设备					

试验	细骨料饱和面干表观密度/(kg/m³)	潮湿状态试样质量/g	试样、水及容量瓶总质量/g	水及容量瓶总质量/g	细骨料表面含水率/%	细骨料表面含水率平均值/%
1						
2						

（五）细骨料堆积密度及空隙率试验

1. 细骨料堆积密度及空隙率试验流程

（1）用托盘装自然状态细骨料试样约 10kg，在（105±5）℃的烘箱中烘至恒量，取出并冷却至室温备用。试样烘干后如有结团，应在试验前捏碎。

（2）称取烘干试样约 600g（G_1，精确到 0.1g，下同）两份。试验应在（20±2）℃环境中进行。将试样装入盛半满水的容量瓶中，用手旋转摇动容量瓶（手和瓶之间应垫干毛巾，防止传热），使试样充分搅动，排除气泡。静置片刻，然后用移液管加水至瓶颈刻度线处，测量瓶内水温，塞紧瓶盖，擦干瓶外水分，称出试样、水及容量瓶总质量（G_2）　　　　　　。将瓶内的水和试样全部倒出，洗净容量瓶，再向瓶内加水至瓶颈刻度线处，测量瓶内水温，塞紧瓶盖，擦干瓶外水分，称出水及容量瓶总质量（G_3）　　　　　　。加入容量瓶的水，温差不应超过 2℃。

（3）称出空容量筒质量（G_0，精确到 1g）　　　　　　，并按照《容量筒校验方法》（SL 127—2017）校准实际容积（V，精确到 1mL）　　　　　　。

（4）把烘干试样分成大致相等的两份。将试样一次装满漏斗（图2-4），打开漏斗活动闸门，使试样从漏斗口（高于容量筒顶面50mm）落入容量筒内，直至试样装满容量筒并超出筒口时为止。用钢直尺或金属直杆沿筒口中心线向两侧方向轻轻刮平，然后称出容量筒及试样总质量（G_4，精确到1g）＿＿＿＿＿＿＿＿＿。

2. 数据分析处理与原始记录填写

（1）干燥状态细骨料的表观密度按照式（2-7）计算：

$$\rho_d = \frac{G_1}{G_1 + G_3 - G_2} \rho_w \qquad (2-7)$$

式中　ρ_d——干燥状态细骨料表观密度，kg/m³；

　　　ρ_w——水的密度，kg/m³；

　　　G_1——干燥状态试样质量，g；

　　　G_2——试样、水及容量瓶总质量，g；

　　　G_3——水及容量瓶总质量，g。

（2）干燥状态细骨料的堆积密度按式（2-8）计算：

$$\rho_b = \frac{G_4 - G_0}{V} \times 1000 \qquad (2-8)$$

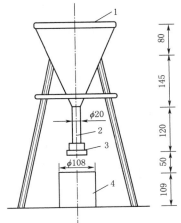

图2-4　漏斗示意图（单位：mm）
1—漏斗；2—φ20管子；
3—活动闸门；4—容量筒

式中　ρ_b——干燥状态细骨料堆积密度，kg/m³；

　　　G_0——容量筒质量，kg；

　　　G_4——容量筒及试样总质量，kg；

　　　V——容量筒的实际容积，L。

（3）干燥状态细骨料的空隙率按式（2-9）计算：

$$P_{vb} = \left(1 - \frac{\rho_b}{\rho_d}\right) \times 100\% \qquad (2-9)$$

式中　P_{vb}——干燥状态细骨料空隙率。

（4）试样的表观密度（修约间隔10kg/m³）、堆积密度（修约间隔10kg/m³）及空隙率（修约间隔1%）以两次测值的平均值作为试验结果。当表观密度、堆积密度两次测值相差大于20kg/m³时，应重做试验。

（5）将试验数据填入表2-12、表2-13。

表2-12　　　　　　　　　　　细骨料干表观密度原始记录

委托编号		检测编号		样品编号	
品种规格		产地		委托日期	
样品状态		环境条件		试验日期	
检验依据					
检验设备					

续表

试验	干燥状态试样质量/g	干燥状态试样、水及容量瓶总质量/g	水及容量瓶总质量/g	水的密度/(kg/m³)	干燥状态表观密度/(kg/m³)	干燥状态表观密度平均值/(kg/m³)
1						
2						

表 2 - 13　　　　　　　　　　　细骨料堆积密度原始记录

委托编号		检测编号		样品编号	
品种规格		产地		委托日期	
样品状态		环境条件		试验日期	
检验依据					
检验设备					

试验	容量筒质量/kg	容量筒及试样总质量/kg	容量筒的实际容积/L	干燥状态细骨料堆积密度/(kg/m³)	干燥状态细骨料堆积密度平均值/(kg/m³)	空隙率/%	平均空隙率/%
1							
2							

（六）天然细骨料含泥量试验

1. 天然细骨料含泥量试验流程

（1）称取烘干的细骨料约 500g（G_0，精确到 0.1g，下同）两份。

（2）将试样放入洗砂筒中，注入清水淹没试样，用搅棒充分搅拌后，浸泡 2h。

（3）用手在水中充分淘洗试样，然后把浑水缓缓倒入 1.25mm 及 0.08mm 的套筛上（筛孔由大到小套放），滤去小于 0.08mm 的颗粒。

（4）再在筒中加入清水，重复步骤（3）的操作，直至筒内的试样清空为止。

（5）用水流充分冲洗剩留在套筛上的颗粒。移去 1.25mm 筛，将 0.08mm 筛半浸在水槽中来回摇动，以充分洗除小于 0.08mm 的颗粒。

（6）将两只筛上剩留的颗粒倒入金属托盘中，置于（105±5）℃的烘箱中烘至恒量，待冷却至室温后，称出试样质量（G_1） 。

2. 数据分析处理与原始记录填写

（1）天然细骨料中含泥量按照式（2-10）计算：

$$Q_f = \frac{G_0 - G_1}{G_0} \times 100\%$$

（2-10）

式中　Q_f——天然细骨料含泥量；

　　　G_0——试验前的烘干试样质量，g；

　　　G_1——试验后的烘干试样质量，g。

（2）以两次测值的平均值作为试验结果（修约间隔 0.1%）。当两次测值相差大于

0.5%时，应重做试验。

（3）将试验数据填入表 2-14。

表 2-14　　　　　　　　　　　　**天然细骨料含泥量原始记录**

委托编号		检测编号		样品编号	
品种规格		产地		委托日期	
样品状态		环境条件		试验日期	
检验依据					
检验设备					

试验	试验前的烘干 试样质量/g	试验后的烘干 试样质量/g	天然细骨料 含泥量/%	天然细骨料含泥量 平均值/%
1				
2				

（七）细骨料检验检测报告

细骨料检测工作任务全部完成后，各组同学需填写细骨料检验检测报告，见表 2-15。

表 2-15　　　　　　　　　　　　**细骨料检验报告**　　　　　　　　　　　　第1页/共1页

检验编号：　　　　　委托编号：

工程名称			委托日期	年　月　日
委托单位			成型日期	年　月　日
见证单位			报告日期	年　月　日
使用部位			样品来源	见证取样
样品名称		规格型号	检验性质	委托
样品状态		代表批量/t	取样人	
生产厂家		出厂编号	见证人	
检验依据				
检验设备				

序号	检验项目	计量单位	标准值	检验结果
1	细度模数			
2	表观密度	kg/m³		
3	堆积密度	kg/m³		
4	含泥量	%		

续表

序号	检验项目	计量单位	标准值	检验结果
5	泥块含量	%		
6	含水率	%		
7	吸水率	%		
8	坚固性	%		
9	硫化物及硫酸盐含量	%		

检验结论	
声明	本检验检测报告仅对送检样品负责，涂改增删无效，未加盖检测报告专用章无效，复印件无效
备注	检验单位　　　××××××检测公司（盖　章）

批准：　　　　　　　　　　审核：　　　　　　　　　　检验：

小提示！

《水工混凝土施工规范》（SL 677—2014）对细骨料总的品质要求是：质地坚硬、清洁、级配良好、粗细适当。细骨料品质要求见表 2-16。

表 2-16　　　　　细骨料的品质要求（SL 677—2014）

项　目		指　标	
		天然砂	人工砂
表观密度/(kg/m³)		≥2500	
细度模数		2.2~3.0	2.4~2.8
石粉含量/%		—	6~18
表面含水率/%		≤6	
含泥量/%	设计龄期强度等级≥30MPa 和有抗冻要求的混凝土	≤3	—
	设计龄期强度等级<30MPa	≤5	
坚固性/%	有抗冻和抗侵蚀要求的混凝土	≤8	
	无抗冻要求的混凝土	≤10	
泥块含量		不允许	
硫化物及硫酸盐含量/%		≤1	
云母含量/%		≤2	
轻物质含量/%		≤1	—
有机质含量		浅于标准色	不允许

八、评价反馈

各组代表展示成果，介绍任务的完成过程，并完成表 2-17～表 2-19。

表 2-17　　　　　　　　　　　学 生 自 评 表

姓名_____　学号_____

任　　务	完 成 情 况 记 录
任务是否按时完成	
相关理论完成情况	
技能训练情况	
任务完成情况	
任务创新情况	
成果材料上交情况	
工作任务收获	

表 2-18　　　　　　　　　　　学 生 互 评 表

组号_____　组长_____

评 价 项 目	组 间 互 评 记 录
任务是否按时完成	
材料完成上交情况	
成果作品完成质量	
语言表达能力	
小组成员合作面貌	
创新点	

表 2-19　　　　　　　　　　　教 师 评 价 表

姓名_____　学号_____

评 价 项 目	自我评价（30%）	互相评价（30%）	教师评价（40%）	综合评价
学习准备				
引导问题填写				
规范操作				
关键操作要领掌握				
完成速度				
6S 管理、环保节能				

评 价 项 目	自我评价（30%）	互相评价（30%）	教师评价（40%）	综合评价
参与讨论的主动性				
沟通协作				
展示汇报				
细骨料检测工作任务总评分数				

注　1. 自我评价、互相评价与教师评价采用 A（优秀）、B（良好）、C（合格）、D（努力）四个档次。

　　2. 综合评价采用前三项的折合分数加权平均计入，即 A（优秀）、B（良好）、C（合格）、D（努力）四个等级的折合分数分别为 95 分、85 分、75 分和 65 分。

工作任务三　粗骨料检测

一、工作任务

某混凝土坝基本情况同工作任务一。

请完成该混凝土所用粗骨料的颗粒级配、饱和面干表观密度、表面含水率、堆积密度、含泥量、泥块含量、针片状颗粒含量、压碎值及超逊径颗粒含量技术指标的质量检测，并做出合格判定。

二、工作目标

（1）掌握粗骨料的取样方法和要求，掌握粗骨料的主要技术指标，掌握判断粗骨料能否满足工程使用要求的方法。

（2）会运用现行试验检测标准分析问题。

（3）能独立完成粗骨料检测工作任务的所有试验操作。

（4）能够对检测中的异常进行处理。

（5）能够正确填写试验检测原始记录，熟练处理检测数据。

（6）会填写和审阅检验检测报告。

（7）秉承科学严谨、精益求精、诚实协作、积极创新的工作态度。

（8）树立为人民服务、敬业爱岗的主人翁意识，提升应对挫折和逆境的能力。

三、任务分组

表 3 - 1　　　　　　　　　学 生 任 务 分 配 表

班　级		组　号		指 导 教 师	
组　长		学　号			
组　员		姓　名	学　号	姓　名	学　号
任 务 分 工					

四、引导问题

引导问题 1：何为粗骨料？卵石、碎石表面形态有何不同，用其拌制的混凝土的技术性质有何区别？

引导问题 2：什么是骨料粒级？

小提示！

按照粒径大小划分的不同粒径范围的粗骨料颗粒。通常将水工混凝土所用粗骨料分为四个粒级，粒径 5～20mm 范围的粗骨料称为小石，粒径 20～40mm 范围的粗骨料称为中石，粒径 40～80mm 范围的粗骨料称为大石，粒径 80～150（或 120）mm 范围的粗骨料称为特大石。

引导问题 3：什么是级配骨料？

小提示！

粗骨料中公称粒级的上限称为该粒级的公称最大粒径。当粗骨料粒径增大时，其表面积随之减少。因此，保证一定厚度润滑层所需的水泥浆的数量也相应减少。试验研究证明，最佳的最大粒径取决于混凝土的水泥用量。当最大粒径小于 150mm 时，最大粒径增大，水泥用量明显减少；但当最大粒径大于 150mm 时，对节约水泥并不明显。因此，在大体积混凝土中，条件许可时，应尽量采用较大粒径。

由小石和较大粒级的骨料按一定比例混合而成的连续级配粗骨料称为级配骨料。在水利水电工程中，通常将按一定比例混合的小石、中石称为二级配粗骨料，将按一定比例混合的小石、中石、大石称为三级配粗骨料，将按一定比例混合的小石、中石、大石、特大石称为四级配粗骨料。

引导问题 4：什么是饱和面干粗骨料？

小提示！

饱和面干粗骨料，是将粗骨料浸没在水中 24h 后，捞出并用拧干的湿毛巾包裹，吸干骨料表面多余水分，至各颗粒表面为潮湿且亚光无亮色状态。

引导问题 5：检测粗骨料堆积密度的目的是什么？

小提示！

松散堆积密度，可供施工单位接收粗骨料测量体积时使用。紧密堆积密度，是从另一个方面表述粗骨料的质量和空隙率，可供设计混凝土配合比时使用。

引导问题 6：粗骨料技术指标中为什么也要考虑含泥量和泥块含量？

小提示！

含泥量是指粗骨料中小于 0.08mm 的黏土、淤泥及细屑的总含量；泥块含量是粗骨料中原粒径大于 5mm，经水浸洗、手捏后小于 2.5mm 的颗粒含量。

黏土、淤泥及细屑其比表面积大、吸水性大、体积变化大、遇水膨胀、干燥收缩，粗骨料中黏土含量过多，对混凝土强度、干缩、徐变、抗渗、抗冻融及抗磨损等均产生不良影响。含泥状态不同，影响也有差异，其类型有以下三种：①包裹型含泥，粗骨料中所含泥粒一般呈浆状粘接或附着于骨料的表面，会影响到粗骨料与水泥浆液的黏结，并进一步影响到混凝土的强度及其他性能；②松散型含泥，粗骨料中均匀分布的泥粒，在配制低胶材混凝土或细骨料细度偏粗时，可以起到改善混凝土拌和物的和易性与提高混凝土密实性的作用，但含泥量达到 5% 时，混凝土强度有所降低，特别是 C30 以上的混凝土，当含泥量超过 7% 时，强度可降低 30% 以上；③团块型含泥，粗骨料中含有团块状泥土时，对混凝土各种性能都不利，特别对混凝土抗拉强度影响更大，如泥块在 1%～2% 时，混凝土抗拉强度降低 10%～25%，同时团块型含泥量越多，对混凝土干缩影响也越大，因此《水工混凝土施工规范》（SL 677—2014）和《水工混凝土施工规范》（DL/T 5144—2015）都规定骨料中不允许泥块存在。

引导问题 7：粗骨料中的针、片状颗粒对混凝土有何影响？

小提示！

凡粗骨料颗粒长度大于该颗粒所属粒级的平均粒径的 2.4 倍者为针状颗粒，厚度小于该颗粒所属粒级的平均粒径 0.4 倍者为片状颗粒。平均粒径指该粒级上、下限粒径尺寸的平均值。

骨料中针、片状的颗粒会使混凝土的空隙率变大，受力后还容易被折断，混凝土强度降低。针、片状骨料增加了新拌混凝土在流动过程中的摩擦力，使新拌混凝土和易性变差，进而包裹性、黏聚性也变差，并倾向于一个方向的排列，不易振捣密实，受力易折。且针、片状人工粗骨料比普通粒状的人工粗骨料韧性差，从而影响混凝土的强度性能。工程上会因混凝土强度的明显下降而受到很大影响。

引导问题 8：粗骨料压碎值对混凝土性能有何影响？

小提示！

压碎值是指 10～20mm 的颗粒，在标准荷载作用下压碎颗粒含量的百分率。通过测定粗骨料抵抗压碎的能力，可间接地推测其相应的强度，评定粗骨料的质量。影响混凝土的强度和变形能力的重要参数之一就是压碎值，它对高强混凝土的影响更大。

引导问题 9：什么是超、逊径？

小提示！

施工现场的分级粗骨料中往往存在超、逊径现象。超径或逊径是指在某一级粗骨料中混有大于或小于这一级粒径的粗骨料。超、逊径会影响混凝土骨料的级配，从而影响到新拌混凝土的和易性、骨料含水率的变化以及混凝土的水胶比，因此，《水工混凝土施工规范》（SL 677—2014）规定：以原孔筛检验时，其控制标准为超径不大于 5％，逊径不大于 10％。当以超、逊径筛（方孔）检验时，其控制标准为超径为零，逊径不大于 2％。

引导问题 10：粗骨料检测项目使用的技术标准是什么？

引导问题 11：粗骨料的人工四分法如何操作？

小提示！

在自然状态下拌混均匀并堆成锥体，然后沿互相垂直的两条直径把锥体分成 4 份，取对角试样重新拌匀，再堆成锥体，重复以上过程，直至把试样缩分到略多于试验所需量为止。

引导问题 12：同学们在试验中需要具备什么样的工作态度？

引导问题 13：任务结束后，同学们需要做哪些工作方能离开实验室？

五、工作计划

请各组同学制定粗骨料检测任务工作方案，完成表3-2～表3-4的内容。

表3-2 粗骨料检测任务工作方案

步骤	工作内容	负责人
1		
2		
3		
4		
5		
⋮		

表3-3 工具、耗材和器材清单

工作内容	序号	名称	型号与规格	精度	数量	备注

表3-4 工作环境记录表

工作内容	日期	上午			采取措施后		记录人	下午			采取措施后		记录人
		温度/℃	相对湿度/%	调控措施	温度/℃	相对湿度/%		温度/℃	相对湿度/%	调控措施	温度/℃	相对湿度/%	

六、进度决策

表 3-5　　　　　　　　　　　　　　工 作 进 度 安 排

粗骨料检测工作任务	工作时间安排		粗骨料检测工作任务	工作时间安排	
	第 3 天上午	第 3 天下午		第 3 天上午	第 3 天下午
颗粒级配试验		√	泥块含量试验	√	
饱和面干表观密度试验（必）	√		压碎值试验（必）		√
堆积密度试验（必）	√		针、片状颗粒含量试验（必）		√
含泥量试验	√		超、逊径颗粒含量		√

七、工作实施

（一）粗骨料取样

请同学们完成粗骨料取样、送检任务，并填写表 3-6 和表 3-7。

表 3-6　　　　　　　　　　　　　粗骨料见证取样记录表

工程名称：　　　　　　　　　　　　　　　　　　　　　　　　　　　　　　编号：

样品名称		取样地点	
取样部位			
取样数量		取样日期	

见证记录：

取样人签字（印章）＿＿＿＿＿＿＿＿＿＿

见证人签字（印章）＿＿＿＿＿＿＿＿＿＿

　　　　　　　　　　　　　　　　　　　　　　　　　　　　　　　　　填制日期：

备注	

表 3-7　　　　　　　　　　　　　粗骨料见证取样送样委托单

委托编号：

工程名称		工程地点			
委托单位		施工单位			
建设单位		监理单位			
见证单位 （盖章）		见证人 （签字）		送样人 （签字）	
样品来源		委托日期		联系电话	

检 验 编 号	样品名称	规格	产地	送样数量	代表批量	使用部位

检验项目						
收样日期	年　月　日	收样人		预定取报告日期	年　月　日	付款方式	

小提示！

在筛分楼取样时，应在皮带运输机机尾出料处用接料器定时抽取石料 8 份组成一组样品；在料堆中取样时，应分顶部、中部、底部取样，抽取大致相等的 15 份组成一组样品；从火车、汽车、货船上取样时，应以不同部位、深度抽取 15 份石料，组成一组样品。

（二）粗骨料颗粒级配试验

1. 粗骨料颗粒级配试验流程

（1）取有代表性的风干状态的粗骨料混合料，按表 3-8 规定的质量称取两份试样（G_0，小于 10kg 精确到 0.01kg，不小于 10kg 精确到 0.1kg，下同）_____kg。为方便操作，大于 50kg 骨料分多次称量。

表 3-8　　　　　　　　　**粗骨料颗粒级配试验取样质量表**

骨料最大粒径/mm	20	40	80	150 (120)
最少取样质量/kg	10	20	50	200

（2）在干燥洁净的平面上，使用粒级试验筛［与各粒级上下限对应的筛孔尺寸分别为 150（或 120）mm、80mm、40mm、20mm、5mm 的方孔试验筛，按筛孔尺寸由大到小编号，$i=1\sim5$］，按筛孔尺寸由大到小的顺序分别过筛，直至通过量不超过试样总量的 0.1% 为止。

（3）称出各粒级试验筛筛余量（G_i）_____和底板上的通过量（G）_____。

小提示！

在每号筛上筛余试样的层厚不应大于试样的最大粒径值，否则应将该号筛上的筛余试样分成两份，再次进行筛分。

2. 数据分析处理与原始记录填写

（1）各筛的分计筛余百分率按照式（3-1）计算：

$$P_i = \frac{G_i}{G_0} \times 100\% \tag{3-1}$$

式中　P_i——i 号粒级试验筛的分计筛余百分率，$i = 1 \sim 5$；

　　　G_i——i 号粒级试验筛的筛余量，g；

　　　G_0——试样总量，g。

（2）各筛的累计筛余百分率按照式（3-2）计算：

$$A_i = P_1 + \cdots + P_i \tag{3-2}$$

式中　A_i——i 号粒级试验筛的累计筛余百分率，$i = 1 \sim 5$。

（3）以两次测值的平均值作为试验结果（修约间隔 1%）。

（4）原始记录填写见表 3-9。

表 3-9　　　　　　　　　　　　　粗骨料颗粒级配试验原始记录

委托编号		检测编号		样品编号	
品种规格		产地		委托日期	
样品状态		环境条件		试验日期	
检验依据					
检验设备					

试样质量 /g	筛孔尺寸 /mm	分计筛余量/g		分计筛余百分率/%		累计筛余百分率/%		平均值/%
		Ⅰ	Ⅱ	Ⅰ	Ⅱ	Ⅰ	Ⅱ	
	150（或 120）							
	80							
	40							
	20							
	5							
	底板							
最大粒径			粒径级别			～　　　mm		

（三）粗骨料饱和面干表观密度及吸水率试验

1. 粗骨料饱和面干表观密度及吸水率试验流程

（1）取适量有代表性的单粒级粗骨料，冲洗干净，面干后按表 3-10 中规定的质量称取两份试样＿＿＿＿＿＿＿＿，分别进行测试。

表 3-10　　　　　　　　　　粗骨料表观密度及吸水率试验取样质量表

骨料粒级/mm	5～20	20～40	40～80	80～150（或 120）
最少取样质量/kg	2	2	4	10

（2）将试样装入盛水的容器中，水面至少高出试样 50mm，浸泡 24h。粒径大于 80mm 的骨料适当延长浸泡时间。

（3）将网篮全部浸入盛水筒中，称出网篮在水中的质量（G_1，精确到 1g，下同）_____；再将浸泡后的试样装入网篮内，放入盛水筒中，用上下升降网篮的方法排除气泡（试样不应露出水面）；称出试样和网篮在水中的总质量（G_2）_____，两者之差即为_____。

（4）将试样从网篮中取出，用拧干后的湿毛巾吸干试样表面多余水至_____状态，并立即称出该状态试样的质量（G_3）_____。

（5）将试样放入金属托盘，置于温度为（105±5）℃烘箱中烘至恒量，冷却至室温后称出烘干试样的质量（G_4）_____。

小提示！

试验应在恒温室内进行，称量网篮在水中的质量、试样和网篮在水中的总质量时，水的温度相差不得大于 2℃。

2. 数据分析处理与原始记录填写

（1）粗骨料饱和面干表观密度按式（3-3）计算：

$$\rho_s = \frac{G_3}{G_3 + G_1 - G_2} \rho_w \qquad (3-3)$$

式中　ρ_s——粗骨料饱和面干表观密度，kg/m³；

　　　ρ_w——水的密度，kg/m³；

　　　G_1——网篮在水中的质量，g；

　　　G_2——饱水试样和网篮在水中的总质量，g；

　　　G_3——饱和面干试样质量，g。

（2）粗骨料饱和面干吸水率按式（3-4）计算：

$$a_s = \frac{G_3 - G_4}{G_3} \times 100\% \qquad (3-4)$$

式中　a_s——粗骨料饱和面干吸水率；

　　　G_4——烘干试样质量，g。

（3）表观密度、吸水率以两次测值的平均值作为试验结果（修约间隔分别为 10kg/m³、0.01%）。当两次表观密度测值相差大于 20kg/m³，或两次吸水率测值相差大于 0.5% 时，应重做试验。

（4）将原始记录填写于表 3-11 和表 3-12。

表 3-11　　　　　　**粗骨料饱和面干表观密度试验原始记录**

委托编号		检测编号		样品编号	
品种规格		产地		委托日期	
样品状态		环境条件		试验日期	
检验依据					

续表

试验	网篮在水中的质量/g	第一次水温/℃	饱水试样和网篮在水中的总质量/g	第二次水温/℃	饱和面干试样质量/g	水的密度/(kg/m³)	饱和面干表观密度/(kg/m³)	饱和面干表观密度平均值/(kg/m³)
检验设备								
1								
2								

表 3 – 12　　　　　　　　　粗骨料饱和面干吸水率试验原始记录

委托编号		检测编号		样品编号	
品种规格		产地		委托日期	
样品状态		环境条件		试验日期	
检验依据					
检验设备					

试验	饱和面干状态试样质量/g	烘干试样质量/g	饱和面干吸水率/%	饱和面干吸水率平均值/%
1				
2				

小提示！

若计算得出饱和面干表观密度 $\rho_{s1} = 2665\text{kg/m}^3$，$\rho_{s2} = 2674\text{kg/m}^3$，依据数据修约法则——四舍六入五考虑，即拟舍弃数字的最左一位数字是 5，且其后无数字或皆为 0 时，若所保留的末位数字为奇数（1，3，5，7，9）则进一，即保留数字的末位数字加 1；若所保留的末位数字为偶数（0，2，4，6，8）则舍去，即

$$\rho_{s1} = 2660\text{kg/m}^3，\quad \rho_{s2} = 2670\text{kg/m}^3$$

两次表观密度测值相差小于 20kg/m³，试验合格。

（四）粗骨料表面含水率试验

1. 粗骨料表面含水率试验流程

（1）取适量有代表性的_____状态的粗骨料，按表 3–10 中规定的质量称取试样两份（G_1，精确到 1g，下同）_____，分别进行测试。

（2）将试样放入托盘中，用拧干的湿毛巾吸干试样表面多余水分至饱和面干状态，并立即称出饱和面干试样的质量（G_2）_____。

2. 数据分析处理与原始记录填写

（1）粗骨料表面含水率按式（3–5）计算：

$$P_{sw} = \frac{G_1 - G_2}{G_2} \times 100\%$$

（3 – 5）

式中　P_{sw}——粗骨料表面含水率；

G_1——潮湿试样质量，g；

G_2——饱和面干试样质量，g。

（2）以两次测值的平均值作为试验结果（修约间隔 0.1%）。当两次测值相差大于 0.5%时，应重做试验。

（3）原始记录填写见表 3-13。

表 3-13　　　　　　　　　　　粗骨料表面含水率试验原始记录

委托编号		检测编号		样品编号	
品种规格		产地		委托日期	
样品状态		环境条件		试验日期	
检验依据					
检验设备					
试验	潮湿试样质量/g	饱和面干试样质量/g	粗骨料表面含水率/%	粗骨料表面含水率平均值/%	
1					
2					

（五）粗骨料堆积密度及空隙率试验

1. 粗骨料堆积密度及空隙率试验流程

（1）预先按照粗骨料饱和面干表观密度的方法取样试验，并按照式（3-6）计算干燥状态粗骨料的表观密度（ρ_d）＿＿＿＿＿＿＿＿。

（2）根据粗骨料最大粒径，按照表 3-14 的规定选用相应容积的容量筒，称出空容量筒质量（G_1，小于 10kg 精确到 0.01kg，不小于 10kg 精确到 0.1kg，下同）＿＿＿＿＿，并按照《容量筒校验方法》（SL 127—2017）校准实际容积（V，修约间隔 0.01L）＿＿＿＿＿。

表 3-14　　　　　　　　　　　粗骨料最大粒径与容量筒容积对应表

骨料最大粒径/mm		20	40	80	150（或 120）
	容积/L	10	20	30	80
	内径/mm	234±1.5	294±2	337±2	467±2.5
容量筒	内深/mm	234±1.5	294±2	337±2	467±2.5
	壁厚/mm	≥2	≥3	≥4	≥5
	底厚/mm	≥5	≥5	≥6	≥6

（3）根据容量筒容积及适当的富余量估算试样质量。对级配骨料，需根据级配比例估算各粒级骨料的质量。按照估算质量取有代表性的风干粗骨料，堆放在干燥洁净的平面上，用铁铲将试样翻拌均匀。

（4）松散堆积密度的测定。用平头铁铲将试样从离容量筒口＿＿＿＿＿＿mm 高处自由落入筒中，直至试样高出筒口。用钢直尺或金属直杆沿筒口边缘刮去高出筒口的颗粒，用适当的颗粒填平凹处，使表面稍凸起部分和凹陷部分的体积大致相等，称出容量筒和试样的总质量（G_2）_____。

（5）紧密堆积密度的测定。将测完松散堆积密度的装满试样的容量筒放在振动台上，振动 2～3min。不具备振实条件时亦可采用人工颠实的方法，将容量筒置于坚实的平地上，在筒底垫放一根直径为 25mm 的钢筋，将试样分_____层距容量筒上口 50mm 高处装入筒中，每装完一层后，将筒按住，左右交替颠击地面各_____次。

（6）在试样密实后，补充试样直至超出筒口，按步骤（4）的方法平整表面，称出试样和容量筒总质量（G_3）_____。

（7）将试样倒出，与剩余试样一起拌和均匀，按上述步骤再测一次松散堆积密度和紧密堆积密度。

小提示！

（1）松散堆积密度或紧密堆积密度人工颠实时，试样应从距容量筒口 50mm 处装入，不能过高也不能过低。

（2）紧密堆积密度人工颠实法中，每装满一层后筒底垫放钢筋的方向要与前一层垂直。

2. 数据分析处理与原始记录填写

（1）干燥状态粗骨料的表观密度按照式（3-6）计算：

$$\rho_d = \frac{G_4}{G_4 + G_1 - G_2}\rho_w \tag{3-6}$$

式中　ρ_d——干燥状态粗骨料表观密度，kg/m³；

　　　ρ_w——水的密度，kg/m³；

　　　G_1——网篮在水中的质量，g；

　　　G_2——饱水试样和网篮在水中的总质量，g；

　　　G_4——干燥状态试样质量，g。

（2）粗骨料的松散堆积密度和紧密堆积密度按照式（3-7）和式（3-8）计算：

$$\rho_1 = \frac{G_2 - G_1}{V} \times 1000 \tag{3-7}$$

$$\rho_2 = \frac{G_3 - G_1}{V} \times 1000 \tag{3-8}$$

式中　ρ_1、ρ_2——松散堆积密度和紧密堆积密度，kg/m³；

　　　G_1——容量筒质量，kg；

　　　G_2——容量筒及松散试样总质量，kg；

　　　G_3——容量筒及密实试样总质量，kg；

　　　V——容量筒的容积，L。

（3）粗骨料的松散堆积空隙率和紧密堆积空隙率按照式（3-9）、式（3-10）计算：

$$V_1 = \left(1 - \frac{\rho_1}{\rho_d}\right) \times 100\% \tag{3-9}$$

$$V_2 = \left(1 - \frac{\rho_2}{\rho_d}\right) \times 100\% \tag{3-10}$$

式中 V_1、V_2——松散堆积空隙率和紧密堆积空隙率。

（4）堆积密度、空隙率以两次测值的平均值作为试验结果（修约间隔分别为 $10kg/m^3$ 和 1%）。当松散堆积密度和紧密堆积密度两次测值相差超过 $20kg/m^3$ 时，应重做试验。

小提示！

若试样 1 松散堆积密度 $\rho_{11} = \dfrac{G_2 - G_1}{V} \times 1000 = \dfrac{18.320 - 3.410}{10.02} \times 1000 = 1490$（$kg/m^3$），

试样 2 松散堆积密度 $\rho_{12} = \dfrac{G_2 - G_1}{V} \times 1000 = \dfrac{18.330 - 3.410}{10.02} \times 1000 = 1490$（$kg/m^3$），则松散堆积密度两次测值相差不超过 $20kg/m^3$，试验合格，平均值为 $1490kg/m^3$。

（5）将原始记录填入表 3-15。

表 3-15　　　　　　粗骨料堆积密度和空隙率试验原始记录

委托编号		检测编号		样品编号	
品种规格		产地		委托日期	
样品状态		环境条件		试验日期	
检验依据					
检验设备					

试验	容量筒质量/kg	容量筒及试样总质量/kg	容量筒的容积/L	粗骨料堆积密度/(kg/m³)	粗骨料堆积密度平均值/(kg/m³)	干燥状态粗骨料表观密度/(kg/m³)	空隙率/%	空隙率平均值/%
1								
2								

（六）粗骨料含泥量试验

1. 粗骨料含泥量试验流程

（1）取适量有代表性的单粒级粗骨料，在 $(105 \pm 5)℃$ 烘箱中烘至恒量，冷却至室温后，按表 3-16 规定的质量称取试样两份（G_0，小于 1kg 精确到 1g，1～10kg 精确到 0.01kg，不小于 10kg 精确到 0.1kg，下同）_____。

表 3-16　　　　　　粗骨料含泥量试验取样质量表

粒级代号 i	a	b	c	d
骨料粒级/mm	5～20	20～40	40～80	80～150（或 120）
最少取样质量/kg	5	10	20	40

（2）将试样装入容器并注入清水，用铁铲在水中翻拌淘洗，使小于 0.08mm 的颗粒与较粗颗粒分离，然后将浑水慢慢倒入 1.25mm 及 0.08mm 的套筛上（1.25mm 筛放置上面），滤去小于 0.08mm 的颗粒，1.25mm 筛上的颗粒及时倒回容器中。加水反复淘洗，直至容器

中水清为止。在试验过程中，注意勿将水溅出，避免大于 0.08mm 的颗粒丢失。

（3）用水冲洗干净 0.08mm 筛上的颗粒，然后将其和容器中的试样一并装入金属托盘中，置于（105±5）℃的烘箱中烘至恒量，待冷却至室温后，称出试样质量（G_1）＿＿＿＿＿＿＿＿＿＿＿＿＿＿。

小提示！

试验前筛子的两面先用水湿润。

2. 数据分析处理与原始记录填写

（1）粗骨料中含泥量按照式（3-11）计算：

$$Q_{p-i} = \frac{G_0 - G_1}{G_0} \times 100\% \qquad (3-11)$$

式中　Q_{p-i}——i 粒级粗骨料含泥量；

　　　G_0——试验前烘干的试样质量，kg；

　　　G_1——试验后烘干的试样质量，kg。

（2）以两次测值的平均值作为试验结果（修约间隔 0.1%）。当两次测值相差大于 0.2% 时，应重做试验。

（3）级配粗骨料中总含泥量按式（3-12）计算（修约间隔 1%）：

$$Q_p = \sum R_i Q_{p-i} \qquad (3-12)$$

式中　Q_p——粗骨料总含泥量；

　　　R_i——i 粒级试样在粗骨料中的配合比例，%。

（4）将原始记录填入表 3-17。

表 3-17　　　　　　　　　　　　粗骨料含泥量试验原始记录

委托编号		检测编号		样品编号	
品种规格		产地		委托日期	
样品状态		环境条件		试验日期	
检验依据					
检验设备					

试验	试验前烘干的试样质量/kg	试样后烘干的试样质量/kg	i 粒级粗骨料含泥量/%	i 粒级粗骨料含泥量平均值/%
1				
2				

（七）粗骨料泥块含量试验

1. 粗骨料泥块含量试验流程

（1）取适量有代表性单粒级粗骨料，在（105±5）℃烘箱中烘至恒量，冷却至室温后，筛除小于 5mm 的颗粒，再按表 3-16 规定的质量称取试样两份（G_0，小于 1kg 精确到

1g，1～10kg精确到0.01kg，不小于10kg精确到0.1kg，下同）_____。

（2）将试样装入容器并注入清水，水面至少高出试样_____mm，用铁铲在水中翻拌淘洗，然后浸泡_____h。

（3）用手在水中将泥块碾碎，再将骨料分批放在2.5mm筛上用水冲洗干净。在试验过程中应避免骨料颗粒丢失。

（4）将冲洗干净的试样装入金属托盘，在（105±5）℃的烘箱中烘至恒量，待冷却至室温后，称出试样质量（G_1）_____。

2. 数据分析处理与原始记录填写

（1）粗骨料中泥块含量按照式（3-13）计算：

$$Q_{c-i} = \frac{G_0 - G_1}{G_1} \times 100\% \qquad (3-13)$$

式中　Q_{c-i}——i粒级粗骨料泥块含量；

　　　G_0——试验前试样质量，kg；

　　　G_1——剔除泥块后的试样质量，kg。

（2）以两次测值的平均值作为试验结果（修约间隔1%）。

（3）级配粗骨料中总泥块含量可参考式（3-12）计算（修约间隔1%）。

（4）将原始记录填入表3-18。

表3-18　　　　　　　　　　　　粗骨料泥块含量试验原始记录

委托编号		检测编号		样品编号	
品种规格		产地		委托日期	
样品状态		环境条件		试验日期	
检验依据					
检验设备					
试验	试验前试样质量/g	剔除泥块后的试样质量/g		粗骨料泥块含量/%	粗骨料泥块含量平均值/%
1					
2					

（八）粗骨料针、片状颗粒含量试验

1. 粗骨料针、片状颗粒含量试验流程

（1）取有代表性的适量风干单粒级粗骨料，按照表3-16规定的质量称取试样（G_0，小于1kg精确到1g，1～10kg精确到0.01kg，不小于10kg精确到0.1kg，下同）_____，再按照表3-19和表3-20给出的细分粒级尺寸再次筛分，分别进行测试。

（2）粒径不大于40mm的粗骨料，按表3-19所规定的细分粒级，用规准仪逐粒对试样进行鉴定。颗粒最大尺寸_____针状规准仪上相应间距的，为针状颗粒；颗粒最小尺寸_____片状规准仪上相应孔宽的，为片状颗粒。

表 3-19　粗骨料（粒径不大于 40mm）的细分粒级及相应的规准仪间距或孔宽

细分粒级代号 i	a1	a2	a3	b1	b2	b3
细分粒级/mm	5～10	10～16	16～20	20～25	25～31.5	31.5～40
针状规准仪上规准柱的间距/mm	18.0	31.2	43.2	54.0	67.8	85.8
片状规准仪上规准孔的孔宽/mm	3.0	5.2	7.2	9.0	11.3	14.3

（3）粒径大于 40mm 的粗骨料，可用卡尺鉴定针、片状颗粒，卡尺卡口的设定宽度应符合表 3-20 的规定。

表 3-20　粗骨料（粒径大于 40mm）的细分粒级及相应的卡尺卡口的设定宽度

细分粒级代号 i	c1	c2	d
细分粒级/mm	40～63	63～80	80～150（或 120）
鉴定针状颗粒的卡口宽度/mm	123.6	171.6	276.0（或 240.0）
鉴定片状颗粒的卡口宽度/mm	20.6	28.6	46.0（或 40.0）

（4）按表 3-16 给出的粗骨料粒级，汇总各细分粒级挑出的针状颗粒和片状颗粒，称出其总质量（G_1）＿＿＿＿＿＿＿＿＿＿＿＿＿＿＿＿＿＿。

2. 数据分析处理与原始记录填写

（1）试样中针、片状颗粒含量按式（3-14）计算（修约间隔 0.1%）：

$$Q_{np-i} = \frac{G_1}{G_0} \times 100\% \qquad (3-14)$$

式中　Q_{np-i}——i 粒级试样中针、片状颗粒含量；

　　　G_1——试样中针状颗粒和片状颗粒质量，g；

　　　G_0——试样质量，g。

（2）将原始记录填入表 3-21。

表 3-21　　　　　粗骨料针、片状颗粒含量试验原始记录

委托编号		检测编号		样品编号	
品种规格		产地		委托日期	
样品状态		环境条件		试验日期	
检验依据					
检验设备					

粒级/mm	5～10	10～16	16～20	20～25	25～31.5	31.5～40	40～63	63～80	80～150（或 120）
各级试样质量/g									
各级针、片状颗粒质量/g									

续表

粒级/mm	5～10	10～16	16～20	20～25	25～31.5	31.5～40	40～63	63～80	80～150（或120）
各级针、片状颗粒总质量/g									
试样中针、片状颗粒含量/%									

小提示!

级配粗骨料中针、片状颗粒总含量参考级配粗骨料总含泥量按式（3-15）计算（修约间隔1%）：

$$Q_{np} = \sum R_i Q_{np-i} \tag{3-15}$$

式中　Q_{np}——粗骨料针、片状颗粒总含量；

　　　R_i——i 粒级试样在粗骨料中的配合比例，%。

（九）粗骨料压碎值试验

1. 粗骨料压碎值试验流程

（1）取适量有代表性的 5～20mm 粒级风干粗骨料，用 10mm 和 20mm 筛，选取粒径大于 10mm 而小于 20mm 的粗骨料，并剔除其中的针、片状颗粒。称取试样两份，每份约 3kg（G_0，精确到1g，下同），按下述步骤分别进行测试。

（2）把压碎值测定仪的圆模置于底盘上，分_____层装入试样。每装完一层，一手按住圆模，一手将一边底盘把手提起_____mm，然后松手使其自由落下，两边交替，反复进行至每边提落_____次。两层振完后，平整模内试样表面。

（3）将装有试样的圆模和底盘放入压力机，盖上加压头，调整加压头平正后，开动试验机在 3～5min 内均匀地加荷到 200kN，然后卸荷。取下压碎值测定仪，移去加压头，倒出试样，用 2.5mm 的筛筛除被压碎的细粒，并称出剩留在筛上的试样质量（G_1）_____

_____。

小提示!

当粗骨料由不同种类岩石组成时，应分别选样试验。对粒径大于 20mm 的天然粗骨料，应分粒级破碎后再进行试验。

2. 数据分析处理与原始记录填写

（1）粗骨料压碎值按式（3-16）计算：

$$Q_c = \frac{G_0 - G_1}{G_0} \times 100\% \tag{3-16}$$

式中　Q_c——粗骨料压碎值；

　　　G_0——试样质量，g；

　　　G_1——压碎后筛余试样质量，g。

（2）以两次测值的平均值作为试验结果（修约间隔0.1%）。

（3）将原始记录填入表 3 - 22。

表 3 - 22　　　　　　　粗骨料压碎值试验原始记录

委托编号		检测编号		样品编号	
品种规格		产地		委托日期	
样品状态		环境条件		试验日期	
检验依据					
检验设备					

试验	试样质量/g	压碎后筛余试样质量/g	压碎值/%	压碎值平均值/%
1				
2				

小提示!

若试样 1 压碎值　　$Q_{c1} = \dfrac{G_0 - G_1}{G_0} \times 100\% = \dfrac{3002 - 2760}{3002} \times 100\% = 8.1\%$

试样 2 压碎值　　$Q_{c2} = \dfrac{G_0 - G_1}{G_0} \times 100\% = \dfrac{3001 - 2716}{3001} \times 100\% = 9.5\%$

则压碎值平均值为　　　　$(8.1\% + 9.5\%) / 2 = 8.8\%$

（十）粗骨料超、逊径颗粒含量和中径筛余率试验

1. 粗骨料超、逊径颗粒含量和中径筛余率试验流程

（1）取有代表性的适量风干单粒级粗骨料，翻拌均匀后，按照表 3 - 16 规定的质量称取试样（G_0，小于 1kg 精确到 1g，1～10kg 精确到 0.01kg，不小于 10kg 精确到 0.1kg，下同）　　　　　　　　　　　　　　　。

（2）用表 3 - 23 规定的试验筛筛分试样，并分别称出超径颗粒和逊径颗粒的质量（G_1、G_2）　　　　　　　　　　。

表 3 - 23　　　　　　　粗骨料超逊径筛和中径筛筛孔尺寸表

骨料粒级/mm	5～20		20～40		40～80		80～150（或 120）	
	下限	上限	下限	上限	下限	上限	下限	上限
超逊径筛筛孔尺寸/mm	4	23	17	47	33	93	67	175（或 140）
粒级试验筛筛孔尺寸/mm	5	20	20	40	40	80	80	150（或 120）
中径筛筛孔尺寸/mm	10		30		60		115（或 100）	

（3）将筛分后的各粒级试样，再用对应的中径筛筛分，并称出中径筛上的筛余颗粒质量（G_3）　　　　　　　　。

2. 数据分析处理与原始记录填写

（1）粗骨料中超径或逊径颗粒含量按式（3 - 17）计算（修约间隔 1%）：

$$Q_e = \frac{G_i}{G_0} \times 100\%$$ (3-17)

式中　Q_e——粗骨料超径或逊径颗粒含量；

　　　G_0——试样质量，kg；

　　　G_i——试样中超径颗粒质量（G_1）或逊径颗粒质量（G_2），kg。

（2）粗骨料的中径筛余率按式（3-18）计算（修约间隔1%）：

$$Q_m = \frac{G_3 + G_1}{G_0} \times 100\%$$ (3-18)

式中　Q_m——粗骨料中径筛余率；

　　　G_3——中径筛筛余的试样颗粒质量，kg。

小提示！

粗骨料的超径或逊径颗粒含量试验结果应注明所使用的试验筛种类。可用粒级试验筛替代原孔筛进行骨料品质评定。

原孔筛，是指与骨料生产系统所用筛网具有相同筛孔尺寸的试验筛。

（3）将原始记录填入表3-24。

表3-24　　　　　粗骨料针、片状颗粒含量和中径筛余率试验原始记录

委托编号		检测编号		样品编号	
品种规格		产地		委托日期	
样品状态		环境条件		试验日期	
检验依据					
检验设备					
粗骨料粒级/mm		5～20	20～40	40～80	80～150（或120）
各级试样质量/kg					
各级试样超径颗粒质量/kg					
各级试样逊径颗粒质量/kg					
试样超径颗粒含量/%					
试样逊径颗粒含量/%					
各级中径筛筛余颗粒质量/kg					
中径筛余率/%					

（十一）粗骨料检验检测报告

粗骨料检测工作任务全部完成后，各组同学需填写粗骨料检验检测报告，见表3-25。

表 3 – 25 　　　　　　　　　　　**粗骨料检验检测报告**

检验编号：　　　　委托编号：　　　　　　　　　　　　　第 1 页/共 1 页

工程名称			委托日期	年 月 日
委托单位			成型日期	年 月 日
见证单位			报告日期	年 月 日
使用部位			样品来源	见证取样
样品名称		规格型号	检验性质	委托
样品状态		代表批量/t	取样人	
生产厂家		出厂编号	见证人	
检验依据				
检验设备				

序号	检验项目	计量单位	标准值	检验结果
1	颗粒级配			
2	表观密度	kg/m³		
3	堆积密度	kg/m³		
4	空隙率	%		
5	含泥量	%		
6	泥块含量	%		
7	针、片状颗粒含量	%		
8	含水率	%		
9	吸水率	%		
10	压碎值	%		
11	硫化物含量	%		
12	坚固性	%		

检验结论			
声明	本检验检测报告仅对送检样品负责，涂改增删无效，未加盖检测报告专用章无效，复印件无效		
备注		检验单位	××××××检测公司 （盖　章）

批准：　　　　　　审核：　　　　　　　　检验：

> **小提示！**
> 《水工混凝土施工规范》（SL 677—2014）对粗骨料总的品质要求是：质地坚硬、清洁、级配良好。粗骨料品质要求见表 3-26 和表 3-27。

表 3-26　　　　　　　　**粗骨料的压碎指标值（％）（SL 677—2014）**

骨料类别		设计龄期混凝土抗压强度等级	
		≥30MPa	<30MPa
人工粗骨料	沉积岩	≤10	≤16
	变质岩	≤12	≤20
	岩浆岩	≤13	≤30
天然粗骨料		≤12	≤16

表 3-27　　　　　　　　**粗骨料的其他品质要求（SL 677—2014）**

项　目		指　标
表观密度/（kg/m³）		≥2550
吸水率/%	有抗冻要求和侵蚀作用的混凝土	≤1.5
	无抗冻要求的混凝土	≤2.5
含泥量/%	D_{20}、D_{40} 粒径级	≤1
	D_{80}、D_{150}（D_{120}）粒径级	≤0.5
坚固性/%	有抗冻要求和侵蚀作用的混凝土	≤5
	无抗冻要求的混凝土	≤12
软弱颗粒含量/%	设计龄期强度等级≥30MPa 和有抗冻要求的混凝土	≤5
	设计龄期强度等级<30MPa	≤10
针、片状颗粒含量/%	设计龄期强度等级≥30MPa 和有抗冻要求的混凝土	≤15
	设计龄期强度等级<30MPa	≤25
泥块含量		不允许
硫化物及硫酸盐含量/%		≤0.5
有机质含量		浅于标准色

　　D_{20}、D_{40}、D_{80}、D_{150}（D_{120}）分别采用孔径为 10mm、30mm、60mm、115（或 100）mm 的中径筛（方孔）检验，中径筛余率宜在 40％～70％。

八、评价反馈

　　各组代表展示成果，介绍任务的完成过程，并完成表 3-28～表 3-30。

表 3 - 28　　　　　　　　　　　学 生 自 评 表

姓名_____　学号_____

任　　务	完 成 情 况 记 录
任务是否按时完成	
相关理论完成情况	
技能训练情况	
任务完成情况	
任务创新情况	
成果材料上交情况	
工作任务收获	

表 3 - 29　　　　　　　　　　　学 生 互 评 表

组号_____　组长_____

评 价 项 目	组 间 互 评 记 录
任务是否按时完成	
材料完成上交情况	
成果作品完成质量	
语言表达能力	
小组成员合作面貌	
创新点	

表 3 - 30　　　　　　　　　　　教 师 评 价 表

姓名_____　学号_____

评 价 项 目	自我评价（30%）	互相评价（30%）	教师评价（40%）	综合评价
学习准备				
引导问题填写				
规范操作				
关键操作要领掌握				
完成速度				
6S管理、环保节能				
参与讨论的主动性				
沟通协作				
展示汇报				
粗骨料检测工作任务总评分数				

注　1. 自我评价、互相评价与教师评价采用 A（优秀）、B（良好）、C（合格）、D（努力）四个档次。

　　2. 综合评价采用前三项的折合分数加权平均计入，即 A（优秀）、B（良好）、C（合格）、D（努力）四个等级
的折合分数分别为 95 分、85 分、75 分和 65 分。

工作任务四　钢筋检测

一、工作任务

某混凝土双曲拱坝坝顶高程 988m，最大坝高 270m，坝顶上游面弧长 326.95m。大坝主体工程所用钢筋有 HPB300 的光圆钢筋，有 HRB400 的热轧带肋钢筋，还有用于坝体建设关键支撑部位的 HRB500E 含钒高强抗震钢筋。

请完成大坝主体所用热轧带肋钢筋 HRB500E（22）的尺寸偏差及重量偏差、拉伸、弯曲技术性能的质量检测，并做出合格判定。

二、工作目标

（1）掌握钢筋的取样方法和要求，掌握钢筋的主要技术指标，掌握判断钢筋能否满足工程使用要求的方法。

（2）会运用现行试验检测标准分析问题。

（3）能独立完成钢筋检测工作任务的所有试验操作。

（4）能够对检测中的异常进行处理。

（5）能够正确填写试验检测原始记录，熟练处理检测数据。

（6）会填写和审阅检验检测报告。

（7）秉承科学严谨、精益求精、诚实协作、积极创新的工作态度。

（8）树立为人民服务、敬业爱岗的主人翁意识，提升应对挫折和逆境的能力。

三、任务分组

表 4-1　　　　　　　　　学生任务分配表

班级		组号		指导教师	
组长		学号			
组员	姓名	学号		姓名	学号
任务分工					

四、引导问题

引导问题1：低碳钢的受拉过程分为哪几个阶段？每个阶段的图形特点、试件特点分别是什么状态？每个阶段的计算指标是什么？

小提示！

钢材从拉伸到拉断，在外力作用下的变形可分为四个阶段，即弹性阶段、屈服阶段、

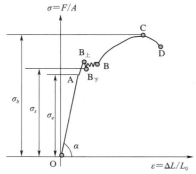

图4-1　低碳钢拉伸过程应力
应变曲线图

强化阶段和颈缩阶段，如图4-1所示。

1. 弹性阶段

在拉伸的开始阶段，OA为直线，说明应力与应变成正比，即$\sigma/\varepsilon = E$，E称为弹性模量，它反映钢材的刚度，是钢材在受力计算结构变形的重要指标。A点对应的应力σ_e称为弹性极限。OA为弹性阶段。

2. 屈服阶段

当荷载继续增大，线段呈曲线形，开始形成塑性变形。应力增加到$B_上$点后，变形急剧增加，应力则在不大的范围（$B_上$、$B_下$、B）内波动，呈现锯齿状，直到B点。与$B_下$点（此点较稳定，易测得）对应的应力定义为屈服极限强度（屈服点）σ_s。屈服点σ_s是热轧钢筋和

冷拉钢筋的强度标准值确定的依据，也是工程设计中强度取值的依据。该阶段为屈服阶段。

3. 强化阶段

超过屈服点后，应力增加又产生应变，钢材进入强化阶段。C点所对应的应力，即试件拉断前的最大应力σ_b，称为抗拉强度。抗拉强度σ_b是钢丝、钢绞线和热处理钢筋强度标准值确定的依据。BC为强化阶段。

4. 颈缩阶段

超过C点后，塑性变形迅速增大，试件出现颈缩，应力随之下降，在有杂质或缺陷处，断面急剧缩小，直到试件断裂，CD为颈缩阶段。

引导问题2：什么是屈强比？其在工程中的实际意义是什么？

小提示！

钢材的屈服点（屈服强度）与抗拉强度的比值，称为屈强比。它也代表了钢材强度储备的大小，屈强比越大，结构零件的强度有效利用率高，但安全可靠性差；屈强比越小，结构安全可靠性越高，即防止结构破坏的潜力越大，强度储备越大。但屈强比太小则钢材强度的有效利用率低。

引导问题 3：何为钢材的冷弯性能？衡量指标是什么？

小提示！

冷弯性能是指钢材在常温下承受弯曲变形的能力，以试件弯曲的角度和弯心直径对试件厚度（或直径）的比值来表示。弯曲的角度越大，弯心直径对试件厚度（或直径）的比值越小，表示对冷弯性能的要求越高。冷弯检验是按规定的弯曲角度和弯心直径进行弯曲后，检查试件弯曲处外面及侧面不发生裂缝、断裂或起层，即认为冷弯性能合格。

引导问题 4：A、B 两种钢材，A 钢材 δ_5 及 δ_{10} 均略大于 B 钢材。但从图 4-2 可知，A 钢材的冷弯性能却不如 B 钢材。请分析原因。

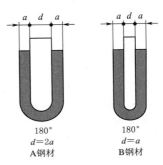

图 4-2 两种钢材冷弯性能比较

小提示！

伸长率反映的是钢材在均匀变形下的塑性。冷弯性能是钢材处于不利变形条件下的塑性，可揭示钢材内部组织是否均匀，是否存在内应力和夹杂物等缺陷。这些缺陷在拉伸试验中常因塑性变形导致应力重分布而得不到反映。

引导问题 5：热轧带肋钢筋检测工作任务中使用的技术标准都有哪些？

引导问题 6：同学们在试验中需要具备什么样的工作态度？

引导问题 7：任务结束后，同学们需要完成哪些工作方能离开实训室？

五、工作计划

请各组同学制订钢筋检测任务工作方案，完成表 4-2～表 4-4 的内容。

表 4-2　　　　　钢筋检测任务工作方案

步骤	工 作 内 容	负责人
1		
2		

续表

步骤	工作内容	负责人
3		
4		
5		
⋮		

表 4-3　　　　　　　　　　　工具、耗材和器材清单

工作内容	序　号	名　称	型号与规格	精　度	数　量	备　注

表 4-4　　　　　　　　　　　工作环境记录表

工作内容	日期	上午						下午					
		温度/℃	相对湿度/%	调控措施	采取措施后		记录人	温度/℃	相对湿度/%	调控措施	采取措施后		记录人
					温度/℃	相对湿度/%					温度/℃	相对湿度/%	

六、进度决策

表 4-5　　　　　　　　　　　工作进度安排

工作任务	工作时间安排
尺寸及重量偏差试验	
拉伸试验	第4天上午
弯曲试验	

七、工作实施

(一) 钢筋取样

请同学们完成钢筋取样、送检任务，并填写表 4-6 和表 4-7。

表 4-6　　　　　　　　　　　钢筋见证取样记录表

工程名称：　　　　　　　　　　　　　　　　　　　　　　　　　　编号：

样品名称		取样地点	
取样部位			
取样数量		取样日期	

见证记录：

取样人签字（印章）＿＿＿＿＿＿＿＿＿

见证人签字（印章）＿＿＿＿＿＿＿＿＿

　　　　　　　　　　　　　　　　　　　　　　　　　　　　　　　填制日期：

备注	

表 4-7　　　　　　　　　　　钢筋见证取样送样委托单

委托编号：

工程名称				工程地点			
委托单位				施工单位			
建设单位				监理单位			
见证单位 （盖章）				见证人 （签字）		送样人 （签字）	
样品来源			委托日期			联系电话	

检验 编号	试件 名称	强度等级 牌号代号	规格	钢筋 标志	表面 形状	生产 厂家	送样 数量	代表 批量	使用 部位	原检验 编号

检验项目										

收样日期	年　月　日	收样人		预定取 报告日期	年　月　日	付款方式	

小提示！

　　测量钢筋重量偏差时，试样应从不同根钢筋上截取，数量不少于 5 支，每支试样长度不小于 500mm，长度逐支测量，精确到 1mm。

测量钢筋拉伸、弯曲性能时，从任选的两根钢筋上切取。在切取试样时，应将钢筋端头的 500mm 去掉后再切取。拉伸试验，切取的两根钢筋长度不小于 500mm。弯曲试验，切取的两根钢筋根据弯曲试验机的类型选择相应的长度，卧式弯曲试验机对应的弯曲试样长度约为 500mm，立式弯曲试验机约为 300mm。

（二）钢筋尺寸偏差和重量偏差

1. 钢筋尺寸偏差和重量偏差检测流程

（1）样品准备。

热轧带肋钢筋：试样应从不同钢筋上截取，数量不少于 5 支。本次试验选用_____支热轧带肋钢筋，牌号_____，公称直径_____mm。从不同钢筋原材上截取试样时，宜将每根钢筋两端去除 50mm 的长度后，再进行截取。

热轧光圆钢筋：本次试验选用热轧光圆钢筋 1 支，牌号 HPB300，直径 10mm。

（2）尺寸偏差。

热轧带肋钢筋内径测量：上_____mm，中_____mm，下_____mm。测量应精确至 0.1mm。

热轧光圆钢筋直径测量：测量尺寸偏差时，从不同方向进行量测。上_____mm，中_____mm，下_____mm。测量应精确至 0.1mm。

小提示！

用电子数显卡尺，卡在横肋之间并避开纵肋，如图 4-3 所示。

图 4-3　卡尺规范操作示意图

（3）重量偏差。

用钢直尺逐支测量五根钢筋的长度，并记录，精确到 1mm。_____mm、_____mm、_____mm、_____mm、_____mm。计算五根钢筋总长度_____mm。五支试样放在电子秤上称量实际总重量并记录_____kg，称量结果精确到不大于总重量的 1%。

2. 结果计算与数据处理

（1）重量偏差。钢筋实际重量与理论重量的偏差按式（4-1）计算，精确至 0.1%。

$$重量偏差 = \frac{试样实际总重量 - (试样总长度 \times 理论重量)}{试样总长度 \times 理论重量} \times 100\% \qquad (4-1)$$

小提示！

若为 HRB400（20），五支钢筋长度分别为 539mm、530mm、532mm、534mm、535mm，则总长度为 2670mm。总重量 6336g，理论重量查规范为 2.47kg/m，允许偏差 ±5.0%。

$$重量偏差 = \frac{试样实际总重量 - (试样总长度 \times 理论重量)}{试样总长度 \times 理论重量} \times 100\%$$

$$= \frac{6336 - (2670 \times 2.47)}{2670 \times 2.47} \times 100\%$$

$$= -3.9\%$$

（2）将钢筋尺寸偏差原始记录填入表4-8，钢筋重量偏差原始记录填入表4-9。

表4-8　　　　　　　　　　　　　　钢筋尺寸偏差原始记录

委托编号		检测编号		样品编号		样品名称		
钢筋牌号		公称直径/mm		公称截面积/mm²		样品描述		
环境条件		检验依据				委托日期		
检验设备						试验日期		
试样编号		1	2	3	4	5		
尺寸	内径 d_1/mm							
	内径允许偏差/mm							

表4-9　　　　　　　　　　　　　　钢筋重量偏差原始记录

委托编号					检测编号			样品编号			样品名称	
钢筋牌号					公称直径/mm			公称截面积/mm²			样品描述	
环境条件					检验依据						委托日期	
检验设备											试验日期	
编号	1	2	3	4	5	试件数量/根	总长度/mm	总重量/g	理论重量/(kg/m)	允许偏差/%	实测偏差/%	
长度/mm												

（三）钢筋拉伸试验

1. 钢筋拉伸试验流程

（1）样品准备：不同钢筋切取，取样数量_____根，试样必须平直（建议进行手工或机械矫直，不允许进行车削加工）。本次试验选用钢筋牌号HRB500E、公称直径22mm、长度_____mm的热轧带肋钢筋。

（2）设备准备：万能试验机开机预热。根据试样直径选择合适的夹头（夹具安装前，为保证人身安全，需要把仪器全部断电），用扳手紧固螺丝。

（3）钢筋标记打点。打点前，需要通过连续式标点机的手柄调整标点机两个台座的距离。本次试验所用钢筋直径为 22mm，等分格标记应设置为_____mm，将两根钢筋分别用连续式标点机进行等分格标记，等分格标记应标在试样的平行长度上。在纵肋上进行标记，检查标记痕迹是否清晰。

（4）除非另有规定，只要能满足《金属材料拉伸试验　第 1 部分：室温试验方法》（GB/T 228.1—2021）本部分的要求，实验室可自行选择应变速率控制的试验速率（方法 A）和应力速率控制的试验速率（方法 B）。试验速率根据 GB/T 228.1—2021 选择下屈服强度试验速率为：在试样平行长度的屈服期间应变速率在 $0.00025s^{-1} \sim 0.0025s^{-1}$ 之间。试验速率根据 GB/T 228.1—2021 中抗拉强度试验速率为：测定屈服强度完成后，试验速率可以增大到不大于 $0.008s^{-1}$ 的应变速率（或等效的横梁分离速率）。

在操作软件上设置速率等相关参数，计算可得屈服强度加载速率和抗拉强度加载速率。

小提示！

　　例：若试样总长 550mm，两端夹持长度分别为 100mm，则试样平行长度为
$$L_c = 550 - 2 \times 100 = 350 \text{（mm）}$$
　　屈服强度加载速率为（$0.00025 \times L_c = 0.0875$mm/s）～（$0.0025 \times L_c = 0.875$mm/s）
　　抗拉强度加载速率为不大于（$0.008 \times L_c = 2.8$mm/s）

（5）将试样夹紧到上夹头，通过点动主机上的"升"和"降"按钮，使活动横梁移动到适当位置，负荷清零，夹紧下夹头，点击"运行"开始试验。进入加载，直至试样断裂破坏，试验将自动结束。

小提示！

　　试样要尽可能地夹在钳口的全长上，否则试样与钳口接触面太少，会使试样被挤成锥形或压碎，钳口也可能损坏。

（6）结束后一只手握钢筋，另一只手分别打开上钳口和下钳口，取下钢筋。

（7）原始标距为 5 倍的钢筋公称直径，该试样的原始标距 L_0 为_____mm。将试样断裂的部分仔细地配接在一起，使其轴线处于同一直线上，确保试样断裂部分适当接触，准确测量断裂后的标距，如图 4-4 所示。记录为 L_u＝_____，准确到±0.25mm。

图 4-4　钢筋断裂后标距测量示意图

（8）取较长的一截钢筋，以一个 100mm 的标距长度（b）进行测定，量取距断口的距离 r_2 至少为 50mm 或 $2d$（选择较大者），如果夹持（a）和标距长度之间的距离 r_1 小

于 20mm 或 d（选择较大者），该试验可视作无效，如图 4-5 所示。量取标距长度，记录为 $L_{u1}=$ _____ 。

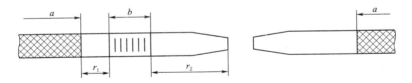

图 4-5　手工方法测量最大力总延伸率示意图

（9）重复上述步骤，对另一根试样进行拉伸试验，保存并记录试验数据。

2. 结果计算与数据处理

（1）下屈服强度按式（4-2）计算：

$$R_{eL}(\text{MPa})=\text{实测下屈服力}\times1000/\text{钢筋公称截面面积} \qquad (4-2)$$

注：除非在相关产品标准中另有规定，应采用公称截面积计算拉伸性能。

小提示！

例：HRB400（20）

$$R_{eL}^{1}=\frac{\text{实测下屈服力}\times1000}{\text{钢筋公称截面面积}}=\frac{133.28\times1000}{314.2}=425\ (\text{MPa})$$

$$R_{eL}^{2}=\frac{\text{实测下屈服力}\times1000}{\text{钢筋公称截面面积}}=\frac{137.12\times1000}{314.2}=435\ (\text{MPa})$$

（2）抗拉强度按式（4-3）计算：

$$R_{m}(\text{MPa})=\text{实测最大拉力}\ F_{m}\times1000/\text{钢筋公称截面面积} \qquad (4-3)$$

小提示！

例：HRB400（20）

$$R_{m}^{1}=\frac{\text{实测最大拉力}\ F_{m}\times1000}{\text{钢筋公称截面面积}}=\frac{190.6\times1000}{314.2}=605\ (\text{MPa})$$

$$R_{m}^{2}=\frac{\text{实测最大拉力}\ F_{m}\times1000}{\text{钢筋公称截面面积}}=\frac{192.8\times1000}{314.2}=615\ (\text{MPa})$$

（3）实测抗拉强度与实测下屈服强度的比值计算、实测下屈服强度与标准下屈服强度的比值计算。

小提示！

例：HRB400（20）

试样 1：　　$R_{m}^{1}/R_{eL}^{1}=605/425=1.42$，　$R_{eL}^{1}/R_{eL}=425/400=1.06$

试样 2：　　$R_{m}^{2}/R_{eL}^{1}=615/435=1.41$，　$R_{eL}^{2}/R_{eL}=435/400=1.09$

（4）断后伸长率按式（4-4）计算：

$$A = \frac{L_u - L_0}{L_0} \times 100\%$$

（4-4）

式中　A——断后伸长率；

　　　L_0——原始标距，mm；

　　　L_u——断后标距，mm。

小提示！

　　例：

试样1：　　$A_1 = \frac{L_u^1 - L_0}{L_0} \times 100\% = \frac{127.35 - 100}{100} \times 100\% = 27\%$

试样2：　　$A_2 = \frac{L_u^2 - L_0}{L_0} \times 100\% = \frac{128.15 - 100}{100} \times 100\% = 28\%$

（5）最大力塑性延伸率按式（4-5）计算：

$$A_g = \frac{L_{u1} - b}{b} \times 100\%$$

（4-5）

式中　A_g——最大力塑性延伸率；

　　　b——标距长度100mm。

小提示！

　　例：

试样1：　　$A_g^1 = \frac{L_{u1}^1 - b}{b} \times 100\% = \frac{115.83 - 100}{100} \times 100\% = 15.8\%$

试样2：　　$A_g^2 = \frac{L_{u1}^2 - b}{b} \times 100\% = \frac{115.94 - 100}{100} \times 100\% = 15.9\%$

（6）最大力下总延伸率（手工方法）按式（4-6）计算：

$$A_{gt} = A_g + \frac{R_m}{2000} \times 100\%$$

（4-6）

式中　A_{gt}——最大力下总延伸率；

　　　A_g——最大力塑性延伸率；

　　　R_m——抗拉强度，MPa。

小提示！

　　例：

试样1：　　$A_{gt}^1 = A_g^1 + \frac{R_m^1}{2000} \times 100\% = 15.8\% + \frac{605}{2000} \times 100\% = 16.1\%$

试样2：　　$A_{gt}^2 = A_g^2 + \frac{R_m^2}{2000} \times 100\% = 15.9\% + \frac{615}{2000} \times 100\% = 16.2\%$

（7）数据修约。

依据《冶金技术标准的数值修约与检测数值的判定》（YB/T 081—2013）中第 6.2.4 条的规定进行数值修约，见表 4-10。

表 4-10   金属材料拉伸试验数值的修约间隔

测 试 项 目	性 能 范 围	修 约 间 隔*
R_p, R_t, R_r, R_{eH}, R_{eL}, R_m	≤200MPa	1MPa
	>200～1000MPa	5MPa
	>1000MPa	10MPa
A_e, A_{gt}, A_g, A_t	—	0.1%
A, $A_{11.3}$, A_{Xmm}	≤10%	0.5%
	>10%	1%
Z	≤25%	0.5%
	>25%	1%

* 根据供需双方协商，并在合同中注明，也可采用《金属材料拉伸试验 第 1 部分：室温试验方法》（GB/T 228.1—2021）第 22 章规定的修约间隔。

小提示！

例：$R_{eL}^1 = \dfrac{实测下屈服力 \times 1000}{钢筋公称截面面积} = \dfrac{133.28 \times 1000}{314.2} = 424.19$（MPa）

首先 424.19×2=848.38（MPa）；再将此值修约成 10 的整数倍，即 850MPa；850/2＝425（MPa），即为修约后的值。

小提示！

注意事项：

a）金属材料拉伸试验中应特别注意必须采取足够的安全措施。

b）如试验机无能力测量或控制应变速率，应采用等效于表 4-11 规定的应力速率和试验机横梁位移速率，直至屈服完成；任何情况下，弹性范围内的应力速率不得超过表 4-11 规定的最大速率。

表 4-11   应 力 速 率

材料弹性模量 E/GPa	应力速率 R/(MPa/s)	
	最小	最大
<150	2	20
≥150	6	60

注 弹性模量小于 150GPa 的典型材料包括锰、铝合金、铜和钛，弹性模量大于 150GPa 的典型材料包括铁、钢、钨和镍基合金。

（8）钢筋拉伸试验原始记录填写见表 4-12。

表 4 - 12　　　　　　　　　　　　钢筋拉伸试验原始记录

委托编号		检测编号		样品编号		样品名称			
钢筋牌号		公称直径 /mm		公称截面积 /mm²		样品描述			
环境条件		检验依据				委托日期			
检验设备						试验日期			

试件编号	屈服力 /kN	下屈服强度 R_{el} /MPa	最大力 /kN	抗拉强度 R_m /MPa	原始标距 L_0 /mm	断后标距 L_u /mm	断后伸长率 A /%	R_m^0/R_{eL}^0	R_m^0/R_{eL}	最大力总延伸率试验		
										标距长度 /mm	断裂标距 /mm	最大力总延伸率 A_{gt} /%
1												
2												

（四）钢筋弯曲试验

1. 弯曲试验流程

（1）样品准备：不同根钢筋切取 2 个试样，本次试验钢筋公称直径_____mm，牌号_____，试样长度_____mm。试样必须平直，对于不平直的钢筋，需要简单矫直，并确保最小的塑性变形，矫直方式（手工、机械）应记录在试验报告中。

（2）设备准备：根据《钢筋混凝土用钢　第 2 部分：热轧带肋钢筋》（GB/T 1499.2—2018）中第 7.5.1 条表 7 的规定，由钢筋公称直径选取弯曲压头直径。本次试验弯曲压头直径为_____mm。

小提示！

例：若获取钢筋牌号信息 HRB400（Φ25），则对应钢筋牌号 HRB400、公称直径 6～25mm，弯曲压头直径选择 $4d$，即 $4×25=100$（mm）。

若依据《金属材料弯曲试验方法》（GB/T 232—2010）试验：

（3）安装弯曲压头，调整两支辊间距离，使其等于_____。

小提示！

支辊间距离　　　　　　　　　$l=(D+3a)\pm\dfrac{a}{2}$

若获取钢筋牌号信息 HRB400（Φ25），则
$$l=(4d+3a)\pm a/2=(4×25+3×25)\pm25/2=175\pm12.5\text{(mm)}$$
即 $162.5～187.5$，一般调节到下限，取 164。

（4）将试件装置好后，进入操作软件，在操作软件上设置相关参数，负荷清零，点击

运行。试验机开始平稳地施加压力，直至弯成所需角度为止。试验结束，试验机自动卸压。

若依据《钢筋混凝土用钢材试验方法》(GB/T 28900—2012)试验：

（3）在操作软件上设置相关参数，将工作轴和弯曲压头固定在弯曲试验机的工作盘上，按反旋点动按键，将工作盘反旋至起始位置。放入钢筋，旋动夹紧装置并靠近试样。按正旋点动按键，使正旋工作轴靠近并接近试样后，钢筋在工作轴自由端的部分应保证有足够的长度，防止弯曲行程中钢筋因长度不够而脱销。在控制面板上将当前角度值清零，点击正旋自动按键，试验机便自动做正向（顺时针）弯曲，并实时显示当时弯曲角度值，当正向弯曲到设定值180°时，试验机便自动停车。

（4）试验结束后，按反旋点动按键使钢筋试件松弛，取下钢筋进行观察。重复上述步骤对另一根钢筋进行弯曲试验。

小提示！

金属材料弯曲试验中应特别注意必须采取足够的安全措施。

2. 结果计算与数据处理

试件弯曲后，检查弯曲处的外面和侧面，如无_____，即认为冷弯试验合格。

将钢筋弯曲试验原始记录填入表 4 - 13。

表 4 - 13　　　　　　　　　　　钢筋弯曲试验原始记录

委托编号		检测编号		样品编号		样品名称	
钢筋牌号		公称直径 /mm		公称截面积 /mm²		样品描述	
环境条件		检验依据				委托日期	
检验设备						试验日期	
试件编号		压头直径/mm		弯曲角度/(°)		检验结果	
试件 1							
试件 2							
检验结论							

（五）钢筋反向弯曲试验

1. 钢筋反向弯曲试验流程

（1）样品准备：任意根钢筋切取一个试样，本次试验钢筋公称直径_____mm，牌号_____，试样长度_____mm。试样必须平直，对于不平直的钢筋，需要简单矫直，并确保最小的塑性变形，矫直方式（手工、机械）应记录在试验报告中。

（2）设备准备：反向弯曲压头直径比弯曲试验相应增加一个钢筋公称直径，本次试验弯曲压头直径为_____。

（3）在操作软件上设置相关参数，将工作轴和弯曲压头固定在弯曲试验机的工作盘上，按反旋点动按键，将工作盘反旋至起始位置。放入钢筋，旋动夹紧装置并靠近试样。按正旋点动按键，使正旋工作轴靠近并接近试样后，在控制面板上将当前角度值清零。点击正旋自动按键，试验机便自动做正向（顺时针）弯曲，并实时显示当时弯曲角度值，当正向弯曲到设定值90°时，试验机便自动停车，记录弯曲角度。按反旋点动按键使钢筋试件松弛，取下钢筋。把正向弯曲后的试样在（100±10）℃温度下保温不少于30min（当供方能保证钢筋经人工时效后的反向弯曲性能时，正向弯曲后的试样亦可在室温下直接进行反向弯曲），把经自然冷却正弯过的试样放在钢筋弯曲机上，将工作轴固定在钢筋弯曲试验机的工作盘上，确保在弯曲原点将试样进行反向弯曲，旋动夹紧装置并靠近试样，按反旋点动按键试样与弯曲轴接近时，在控制面板上将当前角度值清零，点反旋自动键试验机便自动反向（逆时针）弯曲，并实时显示当时弯曲角度值，当弯曲到设定值20°时，试验机便自动停车，记录弯曲角度。试验结束后，按正旋点动按键使钢筋试件松弛，取下钢筋进行观察。

小提示！

金属材料弯曲试验中应特别注意必须采取足够的安全措施。

在试样自然冷却到10～35℃后，确保在弯曲原点（最大曲率半径圆弧段的中间点）将试样进行反向弯曲。

2. 结果计算与数据处理

（1）观察试件弯曲部位表面，如无_____，即认为冷弯试验合格。

（2）钢筋反向弯曲原始记录填写见表4-14。

表 4-14　　　　　　　　　　钢筋反向弯曲试验原始记录

委托编号		检测编号		样品编号		样品名称	
钢筋牌号		公称直径 /mm		公称截面积 /mm²		样品描述	
环境条件		检验依据				委托日期	
检验设备						试验日期	
试件编号	压头直径/mm	弯曲角度/(°)	人工时效温度/℃	人工时效时间/min		反弯角度/(°)	检验结果
试件1							
试件2							

（六）钢筋检验检测报告

钢筋检测工作任务全部完成后，各组同学需填写钢筋性能检验检测报告，见表4-15。

表 4-15

钢 筋 检 验 检 测 报 告

检验编号：　　　　委托编号：　　　　　　　　　　　　　　　第1页/共1页

工程名称				委托日期	年 月 日
委托单位				成型日期	年 月 日
见证单位				报告日期	年 月 日
使用部位				样品来源	见证取样
规格型号		公称直径/mm		检验性质	委托
样品状态		代表批量/t		取样人	
生产厂家		出厂编号		见证人	
检验依据					
检验设备					

	拉 伸 试 验					弯 曲 试 验			
试件编号	下屈服强度 R_eL /MPa	抗拉强度 R_m/MPa	断后伸长率 A/%	最大力总延伸率 A_{gt} /%	重量偏差 /%	试件编号	□弯曲 $α$—弯曲角度 d—弯心直径	□反向弯曲 $α$—弯曲角度 d—弯心直径	检验结果

检验结论		
声明	本检验检测报告仅对送检样品负责，涂改增删无效，未加盖检测报告专用章无效，复印件无效	
备注		检验单位	×××××检测公司 （盖　章）

批准：　　　　　　　　　审核：　　　　　　　　　　　　　　检验：

小提示！

所检项目应符合《钢筋混凝土用钢　第2部分：热轧带肋钢筋》（GB/T 1499.2—2018）标准中第6.3、第6.6、第7.4.1、第7.5.1、第7.5.2条的规定。

八、评价反馈

各组代表展示成果，介绍任务的完成过程，并完成表4-16～表4-18。

表 4-16　　　　　　　　　　学 生 自 评 表

姓名_____　学号_____

任　　务	完 成 情 况 记 录
任务是否按时完成	
相关理论完成情况	
技能训练情况	
任务完成情况	
任务创新情况	
成果材料上交情况	
工作任务收获	

表 4-17　　　　　　　　　　学 生 互 评 表

组号_____　组长_____

评 价 项 目	组 间 互 评 记 录
任务是否按时完成	
材料完成上交情况	
成果作品完成质量	
语言表达能力	
小组成员合作面貌	
创新点	

表 4-18　　　　　　　　　　教 师 评 价 表

姓名_____　学号_____

评 价 项 目	自我评价（30％）	互相评价（30％）	教师评价（40％）	综合评价
学习准备				
引导问题填写				
规范操作				
关键操作要领掌握				
完成速度				
6S 管理、环保节能				
参与讨论的主动性				
沟通协作				
展示汇报				
钢筋检测工作任务总评分数				

注　1. 自我评价、互相评价与教师评价采用 A（优秀）、B（良好）、C（合格）、D（努力）四个档次。

　　2. 综合评价采用前三项的折合分数加权平均计入，即 A（优秀）、B（良好）、C（合格）、D（努力）四个等级的折合分数分别为 95 分、85 分、75 分和 65 分。

工作任务五　混凝土配合比设计

一、工作任务

某混凝土坝基本情况同工作任务一。

请完成该混凝土坝上游面水位涨落区的外部混凝土的配合比设计。

二、工作目标

（1）会运用现行检测标准分析问题。

（2）能独立完成混凝土初步配合比设计。

（3）能独立完成混凝土相关技术性能试验操作。

（4）能正确填写试验原始记录，分析检测数据。

（5）会填写和审阅配合比设计报告。

（6）秉承科学严谨、精益求精、诚实协作、积极创新的工作态度。

（7）树立为人民服务、敬业爱岗的主人翁意识，提升应对挫折和逆境的能力。

三、任务分组

表 5 - 1　　　　　　　　　学 生 任 务 分 配 表

班　级		组　号		指 导 教 师	
组　长		学　号			
组　员	姓　名	学　号	姓　名	学　号	
任务分工					

四、引导问题

引导问题 1：水泥混凝土的组成有哪些？

小提示！

　　水泥混凝土是由水泥、砂、石、水四种材料组成的，有时为改善其性能，常加入适量的外加剂和外掺料。在混凝土中，水泥与水形成水泥浆，水泥浆包裹在骨料表面并填充其空隙。在硬化前，水泥浆与外加剂起润滑作用，赋予拌和物一定的和易性，便于施工。水泥浆硬化后，则将骨料胶结成一个坚实的整体。砂、石称为骨料，起骨架作用，砂子填充石子的空隙，砂、石构成的坚硬骨架可抑制由于水泥浆硬化和水泥石干燥而产生的收缩。混凝土的结构如图 5-1 所示。

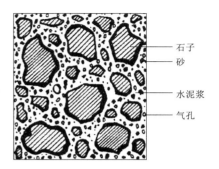

石子
砂
水泥浆
气孔

图 5-1　混凝土结构

　　引导问题 2：常见混凝土的分类有哪些？

小提示！

　　常见的混凝土主要有以下类别：

　　(1) 按胶凝材料，可分为水泥混凝土、硅酸盐混凝土、沥青混凝土、聚合物水泥混凝土、聚合物浸渍混凝土等。

　　(2) 按表观密度，可分为重混凝土（$\rho_0 > 2800 \text{kg/m}^3$）、普通混凝土（$\rho_0 = 2000 \sim 2800 \text{kg/m}^3$）、轻混凝土（$\rho_0 < 1950 \text{kg/m}^3$）。

　　(3) 按用途，可分为结构混凝土、防水混凝土、耐热混凝土、道路混凝土、耐酸混凝土、大体积混凝土、装饰混凝土、膨胀混凝土、防辐射混凝土、抗冲磨混凝土等。

　　(4) 按生产工艺和施工方法，可分为预拌混凝土（商品混凝土）和现场拌制混凝土、泵送混凝土、喷射混凝土、碾压混凝土、离心混凝土、自密实混凝土等。

　　(5) 按强度，可分为普通混凝土（<C60）、高强混凝土（≥C60）、超高强混凝土（≥C100）。

　　(6) 按配筋情况，可分为素混凝土、钢筋混凝土、预应力钢筋混凝土、钢纤维混凝土等。

　　引导问题 3：什么是混凝土的配合比？其常用的表示方法有哪几种？

小提示！

　　混凝土配合比是指混凝土中各组成材料用量之间的比例关系。常用的表示方法有两种：①以单位体积混凝土中各项材料的质量表示，如水泥 300kg、水 180kg、砂 720kg、石子 1200kg；②以水泥质量为 1 的各项材料相互间的质量比来表示，将上例换算成质量比为水泥∶砂∶石＝1∶2.4∶4，水胶比为 0.60。

引导问题 4：何为混凝土配合比三参数？混凝土配合比三参数与混凝土各性能之间如何体现密切关系？

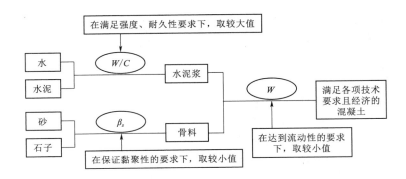

图 5-2　混凝土三参数与混凝土各性能关系图

引导问题 5：混凝土配合比设计要经过哪几个步骤？

引导问题 6：什么是混凝土拌和物的和易性？

和易性是指混凝土拌和物易于施工操作（拌和、运输、浇筑、捣实）并能获得质量均匀、成型密实的性能。和易性是一项综合的技术性质，包括流动性、黏聚性和保水性等三方面的含义。

1. 流动性

流动性是指混凝土拌和物在本身自重或施工机械振捣的作用下，能产生流动，并均匀密实地填满模板的性能。其大小直接影响施工时振捣的难易和成型的质量。

2. 黏聚性

黏聚性是指混凝土拌和物在施工过程中其组成材料之间有一定的黏聚力，不致产生分层和离析的现象。它反映了混凝土拌和物保持整体均匀性的能力。

3. 保水性

保水性是指混凝土拌和物在施工过程中，保持水分不易析出、不致产生严重泌水现象的能力。有泌水现象的混凝土拌和物，分泌出来的水分易形成透水的开口连通孔隙，影响混凝土的密实性而降低混凝土的质量。

混凝土拌和物的流动性、黏聚性和保水性之间是互相联系、互相矛盾的。和易性就是这三方面性质在某种具体条件下矛盾统一的概念。

引导问题 7：什么是混凝土的立方体抗压强度？

小提示！

按照《水工混凝土试验规程》（SL/T 352—2020）的规定，混凝土立方体抗压强度是指制作边长为 150mm 的标准立方体试件，成型后在标准养护条件下［温度为（20±2）℃，相对湿度 95％以上］，养护至 28d 龄期，采用标准试验方法测得的混凝土极限抗压强度，用 f_{cu} 表示。

混凝土强度等级是根据混凝土立方体抗压强度标准值划分的级别，采用符号 C 和混凝土立方体抗压强度标准值（$f_{cu,k}$）表示。主要有 C20、C25、C30、C35、C40、C45、C50、C55、C60、C65、C70、C75、C80 等 13 个强度等级。

混凝土立方体抗压强度标准值（$f_{cu,k}$）是指按标准方法制作养护的边长为 150mm 的立方体试件，在规定龄期用标准试验方法测得的，具有 95％保证率的抗压强度值。

在水利水电工程中，混凝土抗压强度标准值常采用长龄期和非 95％保证率。《水工混凝土配合比设计规程》（DL/T 5330—2015）规定水工混凝土的强度等级采用符号 C 加设计龄期下角标再加立方体抗压强度标准值表示，如 $C_{90}25$。若设计龄期为 28d，则省略下角标，如 C25。此时，混凝土设计龄期立方体抗压强度标准值是指按照标准方法制作养护的边长为 150mm 的立方体试件，在设计龄期用标准试验方法测得的具有设计保证率的抗压强度，以 N/mm^2 或 MPa 计。

根据试验目的不同，试件可采用标准养护或与构件同条件养护。确定混凝土强度等级或进行材料性能研究时应采用标准养护。在施工过程中作为检测混凝土构件实际强度的试件（如决定构件的拆模、起吊、施加预应力等）应采用同条件养护。

引导问题 8：混凝土配合比设计依据的技术标准有哪些？

引导问题 9：同学们在配合比设计中需要具备什么样的工作态度？

引导问题 10：工作任务完成后，同学们需要做哪些工作方能离开实训室？

五、工作计划

请各组同学制订混凝土配合比设计工作方案，并完成表5-2～表5-4。

表5-2   混凝土配合比设计工作方案

步骤	工 作 内 容	负责人
1		
2		
3		
4		
5		
⋮		

表5-3   工具、耗材和器材清单

工作内容	序 号	名 称	型号与规格	精 度	数 量	备 注

表5-4   工作环境记录表

工作内容	日期	上午						下午					
		温度/℃	相对湿度/%	调控措施	采取措施后		记录人	温度/℃	相对湿度/%	调控措施	采取措施后		记录人
					温度/℃	相对湿度/%					温度/℃	相对湿度/%	

六、进度决策

表 5 - 5　　　　　　　　　　工 作 进 度 安 排

工 作 任 务	工作时间安排
混凝土初步配合比计算、混凝土拌和物坍落度试验、混凝土拌和物表观密度试验、混凝土基准配合比确定、混凝土强度试验、混凝土设计配合比确定、混凝土施工配合比确定	第 4 天下午、第 5 天全天

七、工作实施

（一）混凝土配合比设计

1. 混凝土配合比申请单

现场搅拌混凝土前，施工单位应提出配合比设计申请单，将对混凝土的要求填入表 5 - 6。

表 5 - 6　　　　　　　　　　混凝土配合比申请单

工程名称		编　　号		
委托编号				
委托单位		试验委托人		
设计强度等级		要求坍落度、扩展度		
其他技术要求				
搅拌方法		浇捣方法		养护方法	
水泥品种及强度等级		厂别牌号		试验编号	
砂产地及种类				试验编号	
石产地及种类		最大粒径		试验编号	
外加剂名称				试验编号	
掺合料名称				试验编号	
申请日期	年　月　日	使用日期	年　月　日	联系电话	

2. 初步配合比的计算

（1）确定配制强度（$f_{cu,0}$）。

小提示！

$$f_{cu,0} = f_{cu,k} + t\sigma \qquad (5-1)$$

$f_{cu,k}$——混凝土设计龄期立方体抗压强度标准值，MPa；

σ——混凝土立方体抗压强度标准差，MPa，若无统计资料时，可参考表 5 - 7 取值；

t——概率度系数，由给定的保证率 P 选定，见表 5 - 8。

表 5-7　　　　　　混凝土强度标准差 σ 值（DL/T 5330—2015）

设计龄期混凝土抗压强度标准值 $f_{cu,k}$	≤15	20～25	30～35	40～45	≥50
混凝土抗压强度标准差 σ	3.5	4.0	4.5	5.0	5.5

注　施工中应根据现场施工时段强度的统计结果调整 σ 值。

表 5-8　　　　　　　　　　保证率和概率度系数关系

$P/\%$	70.0	70.5	80.0	84.1	85.0	90.0	95.0	97.7	99.9
概率度系数 t	0.525	0.675	0.840	1.0	1.040	1.280	1.645	2.0	3.0

当设计龄期为 28d，抗压强度保证率 P 为 95％时，$t=1.645$，则

$$f_{cu,0}=f_{cu,k}+1.645\sigma \tag{5-2}$$

（2）确定混凝土水胶比（水灰比）。

小提示！

根据《水工混凝土配合比设计规程》（DL/T 5330—2015）、《水工混凝土耐久性技术规范》（DL/T 5241—2010）、《水工混凝土结构设计规范》（DL/T 5057—2009）及《水工混凝土施工规范》（DL/T 5144—2015）分别确定满足强度要求的水胶比（表 5-9）、满足耐久性要求的水胶比（表 5-10、表 5-11）、满足结构要求的水胶比（表 5-12）及满足施工规范要求的水胶比（表 5-13）。

根据以上各表中水胶比限定条件选取其中的最小值作为初选水胶比。

表 5-9　　　不同强度等级的常态混凝土初选水胶比表（DL/T 5330—2015）

28d 设计龄期混凝土抗压强度标准值/MPa	水胶比	28d 设计龄期混凝土抗压强度标准值/MPa	水胶比
$f_{cu,k}≤20$	0.45～0.60	$30<f_{cu,k}<50$	0.35～0.45
$20<f_{cu,k}≤30$	0.40～0.55	$f_{cu,k}≥50$	<0.35

注　1. 本表适用于使用强度等级为 42.5 的通用硅酸盐水泥、中热硅酸盐水泥、不掺掺合料的混凝土，水胶比的选择还应考虑所用水泥的强度等级、掺合料品种及掺量、外加剂品种及掺量、骨料种类等因素。
　　2. 当使用强度等级为 32.5 的矿渣硅酸盐水泥、火山灰质硅酸盐水泥、粉煤灰硅酸盐水泥，以及低热硅酸盐水泥时，混凝土水胶比宜适当降低；当使用强度等级为 52.5 的通用硅酸盐水泥时，混凝土水胶比宜适当增大；C50 以上混凝土宜采用强度等级为 42.5 及以上强度等级通用硅酸盐水泥或中热硅酸盐水泥。
　　3. 当设计龄期大于 28d 时，混凝土水胶比宜适当增加。

表 5-10　　　　　　耐侵蚀混凝土的技术要求（DL/T 5241—2010）

侵蚀程度	宜用的水泥品种及掺合料	最大水胶比	抗渗等级
弱侵蚀	硅酸盐水泥或普通硅酸盐水泥，并采取下列措施之一：①掺磨细矿渣粉；②掺粉煤灰；③掺硅灰	0.50	≥W8
	抗硫酸盐水泥（C_3A 小于 5％）	0.50	
中等侵蚀	中抗硫酸盐水泥，或熟料中 C_3A 含量小于 8％的硅酸盐水泥或普通硅酸盐水泥，并采取下列措施之一：①掺磨细矿渣粉；②掺粉煤灰；③掺硅灰	0.45	≥W10
	高抗硫酸盐水泥	0.45	

表 5-11　　　　　有抗冻要求的混凝土最大水胶比（DL/T 5241—2010）

抗冻等级	F300	F200	F100	F50
最大水胶比	0.45	0.50	0.55	0.58

表 5-12　　　　　水工混凝土的最大允许水胶比（DL/T 5057—2009）

环 境 条 件	最大水胶比	最小水泥用量/(kg/m³)		
		素混凝土	钢筋混凝土	预应力混凝土
室内正常环境（一类）	0.60	200	220	280
露天环境，室内潮湿环境，长期处于地下水或淡水水下环境（二类）	0.55	230	260	300
淡水水位变动区，弱腐蚀环境，海水水下环境（三类）	0.50	260	300	340
海上大气区，海上水位变动区，轻度盐雾作用区，中等腐蚀环境（四类）	0.45	280	340	360
海水浪溅区及重度盐雾作用区，使用除冰盐的环境，强腐蚀环境（五类）	0.40	300	360	380

注　1. 结构类型为薄壁或薄腹构件时，最大水胶比可适当减少。
　　2. 处于三、四、五类环境条件又受冻严重或受冲刷严重的结构，最大水胶比应按照《水工建筑物抗冰冻设计规范》（GB/T 50662—2011）的规定执行。
　　3. 承受水力梯度较大的结构，最大水胶比宜适当减少。
　　4. 当混凝土中加入活性掺合料或能提高耐久性的外加剂时，可适当降低最小水泥用量。

表 5-13　　　　　水胶比最大允许值（DL/T 5144—2015）

部　　位	严 寒 地 区	寒 冷 地 区	温 和 地 区
上、下游水位以上（坝体外部）	0.50	0.55	0.60
上、下游水位变化区（坝体外部）	0.45	0.50	0.55
上、下游最低水位以下（坝体外部）	0.50	0.55	0.60
基础	0.50	0.55	0.60
内部	0.60	0.65	0.65
受水流冲刷部位	0.45	0.50	0.50

注　在有环境水侵蚀情况下，水位变化区外部及水下混凝土最大允许水胶比应减少 0.05。

（3）初步确定单位用水量。

小提示！

1. 常态混凝土用水量

（1）水胶比在 0.40~0.65，当无试验资料时，可由表 5-14 中的规定值选取单位用水量。

表 5-14　　　　　水工混凝土单位用水量参考值（kg/m³）（DL/T 5330—2015）

混凝土坍落度/mm	天然粗骨料最大粒径/mm				人工粗骨料最大粒径/mm			
	20	40	80	150	20	40	80	150
10～30	160	140	120	105	175	155	135	120
30～50	165	145	125	110	180	160	140	125
50～70	170	150	130	115	185	165	145	130
70～90	175	155	135	120	190	170	150	135

注　1. 本表适用于细度模数为 2.6～2.8 的天然中砂。当采用细砂或粗砂时，用水量需增加或减少 3～5kg/m³。

　　2. 使用人工细骨料时，用水量需增加 5～10kg/m³。

　　3. 掺入 I 级粉煤灰时，用水量可减少 5～10kg/m³；掺入火山灰质掺合料时，用水量增加 10～20kg/m³。采用外加剂时，用水量应根据外加剂的减水率作适当调整，外加剂的减水率应通过试验确定。

　　4. 本表适用于骨料含水状态为饱和面干状态。

（2）水胶比小于 0.40 的混凝土以及采用特殊成型工艺的混凝土用水量应通过试验确定。

2. 坍落度大于 90mm 的混凝土的用水量计算

（1）以水工混凝土单位用水量参考值中坍落度 90mm 的用水量为基础，按坍落度每增大 20mm 用水量增加 5kg/m³，计算出未掺外加剂的混凝土用水量。

（2）掺外加剂时的混凝土用水量可用式（5-3）计算：

$$m_w = m_{w0}(1 - \beta) \tag{5-3}$$

式中　　m_w——掺外加剂时混凝土用水量，kg/m³；

　　　　m_{w0}——未掺外加剂混凝土用水量，kg/m³；

　　　　β——外加剂的减水率，经试验确定，%。

（4）计算胶凝材料（水泥）用量。

小提示！

混凝土的胶凝材料用量（$m_c + m_p$）、水泥用量 m_c 和掺合料用量 m_p 计算：

$$m_c + m_p = \frac{m_w}{w/(c+p)} \tag{5-4}$$

$$m_c = (1 - p_m)(m_c + m_p) \tag{5-5}$$

$$m_p = p_m(m_c + m_p) \tag{5-6}$$

式中　　m_c——单位体积混凝土中水泥用量，kg/m³；

　　　　m_p——单位体积混凝土中掺合料用量，kg/m³；

　　　　m_w——单位体积混凝土中用水量，kg/m³；

　　　　P_m——掺合料掺量；

$w/(c+p)$——水胶比，其中 w 代表 m_w，c 代表 m_c，p 代表 m_p。

将计算出的水泥用量和表 5-12 中《水工混凝土结构设计规范》（DL/T 5057—2009）规定的混凝土最小水泥用量比较，取两者中大者作为单位体积混凝土中水泥用量。此外，混凝土水泥用量应不少于表 5-15 规定的最小胶凝材料用量。

表 5－15　　　　　　　　　　　常用混凝土最小胶凝材料用量规定

混凝土种类		相　关　规　定	规　　范
常态大体积内部混凝土		胶凝材料用量不宜低于 140kg/m³，水泥熟料含量不宜低于 70kg/m³	《水工混凝土施工规范》（DL/T 5144—2015）《水工混凝土施工规范》（SL 677—2014）
碾压混凝土		永久建筑物碾压混凝土的胶凝材料用量不宜低于 130kg/m³	《水工碾压混凝土施工规范》（DL/T 5112—2009）
泵送混凝土		胶凝材料用量不宜低于 300kg/m³	《水工混凝土配合比设计规程》（DL/T 5330—2015）
微膨胀混凝土	补偿收缩混凝土	胶凝材料最小用量 300kg/m³	《混凝土外加剂应用技术规范》（GB 50119—2013）
	填充混凝土	胶凝材料最小用量 350kg/m³	
	自应力混凝土	胶凝材料最小用量 500kg/m³	

单位体积混凝土中外加剂用量应按式（5－7）计算：

$$m_a = (m_c + m_p)P_a \qquad (5-7)$$

式中　m_a——单位体积混凝土中外加剂用量，kg/m³；

　　$m_c + m_p$——单位体积混凝土中胶凝材料用量，kg/m³；

　　　P_a——外加剂掺量，％，应通过试验确定。

（5）确定砂率。

小提示！

常态混凝土坍落度小于 10mm 时，砂率应通过试验确定。

混凝土坍落度为 10～60mm 时，砂率可根据粗骨料品种、最大公称粒径及水胶比按表 5－16 初选并通过试验最后确定。

混凝土坍落度大于 60mm 时，砂率可通过试验确定，也可在表 5－16 的基础上按坍落度每增大 20mm，砂率增大 1％的幅度予以调整。

表 5－16　　　　　常态混凝土砂率初选参考值（％）（DL/T 5330—2015）

粗骨料最大粒径/mm	水　胶　比			
	0.40	0.50	0.60	0.70
20	36～38	38～40	40～42	42～44
40	30～32	32～34	34～36	36～38
80	24～26	26～28	28～30	30～32
150	20～22	22～24	24～26	26～28

注　1. 本表适用于天然细骨料，细度模数为 2.6～2.8 的天然中砂拌制的混凝土。

　　2. 细骨料的细度模数每增减 0.1，砂率相应增减 0.5％～1.0％。

　　3. 使用人工粗骨料时，砂率需增加 3％～5％。

　　4. 用人工细骨料时，砂率应增加 2％～3％。

　　5. 掺用引气剂时，砂率可减少 2％～3％；掺用粉煤灰时，砂率可减少 1％～2％。

（6）计算细骨料、粗骨料用量。

小提示！

粗、细骨料用量由已确定的用水量、胶凝材料用量和砂率，根据绝对体积法或质量法计算。

绝对体积法：基本原理是混凝土拌和物的体积等于各项材料的绝对体积和空气体积之和。

单位体积混凝土中骨料的绝对体积为

$$V_{s,g} = 1 - \left[\frac{m_w}{\rho_w} + \frac{m_c}{\rho_c} + \frac{m_p}{\rho_p} + \alpha \right] \qquad (5-8)$$

单位体积混凝土中细骨料用量：

$$m_s = V_{s,g} S_v \rho_s \qquad (5-9)$$

单位体积混凝土中粗骨料用量：

$$m_g = V_{s,g} (1 - S_v) \rho_g \qquad (5-10)$$

式中　$V_{s,g}$——骨料的绝对体积，m^3；

　　　m_w——单位体积混凝土中用水量，kg/m^3；

　　　m_c——单位体积混凝土中水泥用量，kg/m^3；

　　　m_p——单位体积混凝土中掺合料用量，kg/m^3；

　　　m_s——单位体积混凝土中细骨料用量，kg/m^3；

　　　m_g——单位体积混凝土中粗骨料用量，kg/m^3；

　　　α——混凝土含气量；

　　　S_v——体积砂率；

　　　ρ_w——水的密度，kg/m^3；

　　　ρ_c——水泥密度，kg/m^3；

　　　ρ_p——掺合料密度，kg/m^3

　　　ρ_s——细骨料饱和面干表观密度，kg/m^3；

　　　ρ_g——粗骨料饱和面干表观密度，kg/m^3。

质量法：基本原理是混凝土拌和物的质量等于各组成材料质量之和。根据经验，如果原材料情况比较稳定，所配制的混凝土拌和物的表观密度接近一个固定值，可先假设每立方米混凝土拌和物的质量为 $m_{c,c}$，计算时可按表 5-17 选用。

表 5-17　　　　　　　混凝土拌和物质量假定值（DL/T 5330—2015）

混凝土种类	粗骨料最大粒径/mm				
	20	40	80	120	150
普通混凝土/(kg/m³)	2380	2400	2430	2450	2460
引气混凝土/(kg/m³)	2280 (5.5%)	2320 (4.5%)	2350 (3.5%)	2380 (3.0%)	2390 (3.0%)

注　1. 适用于骨料表观密度为 2600～2650kg/m³ 的混凝土。

　　2. 骨料表观密度每增、减 100kg/m³，混凝土拌和物质量相应增、减 60kg/m³。

　　3. 混凝土含气量每增、减 1%，混凝土拌和物质量减、增 1%。表中括号内的数字为引气混凝土的含气量。

骨料总质量： $$m_{s,g}=m_{c,c}-(m_w+m_c+m_p) \qquad (5-11)$$

细骨料用量： $$m_s=m_{s,g}s_m \qquad (5-12)$$

粗骨料用量： $$m_g=m_{s,g}-m_s \qquad (5-13)$$

式中 $m_{s,g}$——每立方米混凝土中骨料总质量，kg；

$m_{c,c}$——每立方米混凝土拌和物质量假定值，kg；

m_w——每立方米混凝土用水量，kg；

m_c——每立方米混凝土水泥用量，kg；

m_p——每立方米混凝土掺合料用量，kg；

m_s——每立方米混凝土细骨料用量，kg；

m_g——每立方米混凝土粗骨料用量，kg；

S_m——质量砂率。

依据上述计算结果，初步配合比为

水泥：＿＿＿＿＿＿＿＿＿＿＿

砂：＿＿＿＿＿＿＿＿＿＿＿＿

石：＿＿＿＿＿＿＿＿＿＿＿＿

水：＿＿＿＿＿＿＿＿＿＿＿＿

3. 混凝土的试配材料用量

初步计算配合比试拌混凝土＿＿＿＿＿L，其材料用量为

水泥：＿＿＿＿＿＿＿＿＿＿＿

砂：＿＿＿＿＿＿＿＿＿＿＿＿

石：＿＿＿＿＿＿＿＿＿＿＿＿

水：＿＿＿＿＿＿＿＿＿＿＿＿

小提示！

试配每盘混凝土的最小拌和量应符合表 5－18 的规定。当采用机械拌和时，其拌和量不宜小于拌和机额定拌和量的 1/4。

表 5－18 混凝土试配的最小拌和量

骨料最大粒径/mm	拌和物数量/L
20	15
40	25
≥80	40

（二）混凝土拌和物室内拌和

1. 机械拌和（首选方案）

（1）清洗搅拌机机内、钢板和铁铲，保持表面湿润。先拌制少量＿＿＿＿＿＿混凝土拌和物或＿＿＿＿＿＿相同的砂浆，使搅拌机内壁＿＿＿＿＿＿＿后将拌和物卸出，再摊开将钢板挂浆后抛弃。

（2）将称好的＿＿＿＿＿＿、＿＿＿＿＿＿、＿＿＿＿＿＿依次倒入搅拌机，加盖后开机先干拌 10～20s，再加水（含溶入的外加剂）后继续搅拌 2～3min。对自落式搅拌机，在搅拌 1min 后，可将盖取下，观察是否有物料黏附在搅拌机内壁上或叶片上，如有应停机刮下，然后继续开机搅拌，到预定剩余时间后停机。

（3）将拌好的混凝土拌和物卸在钢板上，并刮干净黏附在搅拌机内壁上或残留的

拌和物。

（4）人工翻拌出机拌和物 2～3 次，使之均匀。

2．人工拌和

（1）拌和前应将钢板及铁铲清洗干净，并保持表面润湿。

（2）将称好的_____、胶凝材料（水泥和掺合料预先拌均匀）叠倒在钢板上成堆，用铁铲人工翻拌至颜色均匀。再放入称好的_____与之拌和，至少人工翻拌 3 次，然后堆成锥形。

（3）将锥形中间扒成凹坑，根据材料和水量多少，一次或分 2～3 次倒入拌和水（含溶入的外加剂），然后将干料与水一起小心拌和至基本均匀。多次加水拌和时，重新将材料集中成堆，再在中间扒成凹坑，倒入剩余（或部分）的拌和水，仔细拌和均匀即可。拌和用水不得流失。

（4）自加水完毕时算起，人工拌和应在_____内完成。

小提示！

人工翻拌时，应通过将拌和物重复堆积成圆锥体的方式来混合均匀。当堆积锥体时，每一铲拌和物都应从锥体顶点落下，使得拌和物能从锥体的各个方向散落，形成最佳混合物。所有拌和物堆积成锥体后，翻转铁铲重复地、垂直地从锥体顶点插入，将锥体摊开成一个扁平物。将拌和物堆积锥体再摊平为一次人工翻拌过程。

（三）混凝土拌和物现场取样

（1）取样量应多于试验所需量的_____倍，用 40mm 方孔筛湿筛后的混凝土拌和物不宜小于_____L。

（2）同一组混凝土拌和物应从同一盘混凝土或同一车混凝土中取样。取样应具有代表性，宜采用多次取样的方法，在同一盘混凝土或同一车混凝土中的约 1/4 处、1/2 处和 3/4 处之间分别取样。从第一次取样到最后一次取样不宜超过 15min。取样后注意覆盖保湿，并尽快送到试验室。

（3）试验前将试样人工翻拌均匀，保证从取样完毕到开始进行拌和物性能检测的时间间隔不超过 10min。

（四）混凝土拌和物坍落度校核

1．拌和

2．取样

3．装捣

（1）用湿布将坍落度筒内壁、底板表面润湿，将坍落度筒放在底板中间，用双脚脚掌踏紧踏板。

（2）将混凝土拌和物用小铁铲通过装料漏斗分_____层装入筒内，每层体积大致相等。底层厚约 70mm、中层厚约 90mm。每装一层，用捣棒在筒内从边缘到中心按螺旋形均匀插捣_____次。底层应穿透该层，中层、上层应分别插进其下层 10～20mm。当混凝土坍落度大于 210mm 时，拌和物宜一次性装入坍落度筒内，按前述方法插捣 25 次，捣棒每次均应插入到拌和物底部。

4. 抹

上层插捣完毕，取下装料漏斗，用抹刀将混凝土拌和物沿筒口抹平，并清除筒外周围的混凝土。

5. 提

将坍落度筒匀速竖直提起，让混凝土拌和物试样自行坍落。

6. 量

当试样不再继续坍落时，将坍落度筒轻放于试样旁边，用钢直尺量出试样顶部 ＿＿＿＿＿与坍落度筒顶部之差，即为坍落度值（以 mm 计，取整数）。整个坍落度试验过程应连续，并应在 2～3min 内完成。

7. 评

（1）试样应四周均匀坍落，若试样发生一边坍陷或剪坏，则该次试验作废，应取另一部分试样重做试验。

（2）棍度。根据做坍落度时插捣混凝土的难易程度分为上、中、下三级。上级，表示容易插捣；中级，表示插捣时稍有阻滞感觉；下级，表示很难插捣。

（3）黏聚性。用捣棒在做完坍落度的试样一侧中部轻打，如试样保持原状而渐渐下沉，表示黏聚性较好；若试样突然坍倒、部分崩裂或发生粗骨料离析现象，表示黏聚性不好。

（4）析水情况。根据水分从混凝土拌和物中析出的情况分多量、少量、无三级。多量，表示在插捣时及提起坍落度筒后就有较多水分从底部析出；少量，表示有少量水分析出；无，表示没有明显的析水现象。

（5）含砂情况。根据抹刀抹平程度分多、中、少三级。多砂，用抹刀抹混凝土拌和物表面时，抹 1～2 次就可使混凝土表面平整无蜂窝；中砂，抹 4～5 次就可使混凝土表面平整无蜂窝；少砂，抹面困难，抹 8～9 次后混凝土表面仍不能消除蜂窝。

8. 调

（1）若坍落度太大，可在砂率不变的条件下，适当增加砂、石用量；也可以按照坍落度每增加 10mm，用水量减少 2%～4% 调整。

（2）若坍落度太小，应在保持水胶比不变的条件下，增加适量的水和胶凝材料，可以按照坍落度每增加 10mm，用水量增加 2%～4% 调整。

（3）若黏聚性和保水性不良，实质上是混凝土拌和物中砂浆不足或砂浆过多，可适当增大砂率或降低砂率，按砂率每增、减 1%，水量增加或减少 2kg/m³ 调整。

（五）混凝土拌和物表观密度复核

（1）根据骨料最大粒径按照表 5 - 19 选用相应规格的容量筒，称出空容量筒质量 $G_1 =$ ＿＿＿＿＿（精确到 0.01kg，下同），并按照《容量筒校验方法》（SL 127—2017）校准实际容积 V。

表 5－19		粗骨料最大粒径与容量筒容积对应表			
骨料最大粒径/mm		20	40	80	150（120）
容量筒	容积/L	10	20	30	80
	内径/mm	234±1.5	294±2	337±2	467±2.5
	内深/mm	234±1.5	294±2	337±2	467±2.5
	壁厚/mm	≥2	≥3	≥4	≥5
	底厚/mm	≥5	≥5	≥6	≥6

（2）将混凝土拌和物装入容量筒内，在振动台上振至表面泛浆。10L 以上容量筒应分两次装料和振实。若用人工插捣，则将混凝土拌和物分层装入筒内，每层厚度不超过 150mm，用捣棒从边缘至中心螺旋形插捣，每层插捣次数按容量筒容积分为：10L 25 次、20L 40 次、30L 50 次、80L 72 次。底层插捣至底面，以上各层插入其下层 10～20mm。

（3）用钢直尺或金属直杆，竖起来沿容量筒口刮除多余的拌和物，并来回抹平表面，将容量筒外部擦净，称出容量筒和混凝土总质量 $G_2 =$ _____。

（4）混凝土拌和物表观密度按式（5－14）计算（计算结果修约到 $10kg/m^3$）：

$$\rho_m = \frac{G_2 - G_1}{V} \times 1000 \tag{5-14}$$

式中 ρ_m——混凝土拌和物的表观密度，kg/m^3；

     G_1——容量筒质量，kg；

     G_2——混凝土拌和物及容量筒总质量，kg；

     V——容量筒的容积，L。

混凝土基准配合比调整为

水泥：_____

砂：_____

石：_____

水：_____

（六）混凝土立方体抗压强度试验

1. 试件制作

（1）按表 5－20 规定的试件尺寸选用试模，试模应拼装牢固，具有水密性，振捣时不应变形、漏浆。试模内壁应均匀涂刷一薄层脱膜材料，该脱膜材料不应与胶凝材料反应，并符合试验方法要求。

（2）混凝土抗压强度试件，以_____个立方体试件为一组，边长_____mm。

（3）制备混凝土拌和物，取样后立即制作试件。混凝土拌和物的密实方法根据_____而定，采用捣棒人工捣实的拌和物坍落度宜_____90mm。

表 5 - 20　　　　　　　　　　水工混凝土试件尺寸与试模　　　　　　　　　单位：mm

试件类别	抗压试件、劈裂抗拉试件、抗剪试件	抗弯试件	轴向抗拉试件	静压弹模试件、轴心抗压试件	徐变试件
试模模腔形式	立方体	棱柱体	棱柱体或圆柱体	圆柱体	圆柱体
试模模腔尺寸	边长 150	150×150×550（或 600）	棱柱体：中部截面 100×100；圆柱体：直径 150。纯拉段长度不小于 200	φ150×300	φ150×450（压）φ150×500（拉）

注　本表只列出了力学性能用、有承压（拉）面的试件，其他如干缩、抗冻、抗渗、抗冲磨、碳化等的试件与试模可按有关试验方法的要求选用。

1）采用振动台或振动棒振实时，可将混凝土拌和物一次装入试模，装料时用抹刀或捣棒沿试模内壁略加插捣，并使混凝土拌和物略高出试模口。振动台振动时间一般不超过 30s，振动持续到混凝土表面_____且无_____溢出时立刻停止，不应过振，避免造成拌和物分层和含气量损失。为避免试模在振动台上跳动，可采用磁力吸附或其他方式压紧试模。如用振动棒，应竖直插入并避免接触试模。一次装料厚度不宜超过 200mm，对于弹模、徐变等试件，可分 2～3 次装料；高出试模上口堆料不应过多，应边振动边补料，以免浆体溢出。

2）采用捣棒人工捣实时，混凝土拌和物应分层装入模内，每层的装料厚度大致相等，并不大于 100mm。插捣应按螺旋方向从_____向_____均匀进行，插捣时捣棒应保持垂直。插捣底层时，捣棒应达到试模底面，插捣上层时，捣棒应穿至下层 20～30mm。每层的插捣次数填入表 5 - 21（一般每 100cm² 不少于 12 次，以插捣密实为准）。最后还应用抹刀沿试模内壁插入数次，或用橡皮锤均匀敲击试模侧壁，直至无明显大气泡溢出且捣痕消失。

表 5 - 21　人 工 插 捣 次 数

试件尺寸/mm	每层插捣次数
100×100×100	
150×150×150	

3）拌和物密实后，用抹刀刮除多余拌和物，如有不足取少量砂浆补平并拍打密实，试件表面宜比试模边缘略高。在混凝土_____前 1～2h，需再次进行抹面并抹光（如有泌水沉降现象应记录，并用少量水泥浆补平），在混凝土终凝后或拆模前，用油性笔或毛笔在试件表面写上编号，编号应能持久清晰。

2. 试件养护

（1）试件成型后，在_____℃的室内带模静置_____h 后拆模（以拆模时试件不掉角为准）。试件在静置过程中应用湿布或塑料薄膜覆盖以防止水分蒸发，并避免受到振动和冲击。

（2）拆模后试件应立即放入_____℃标准养护室中养护，试件应彼此间隔_____mm 架空放置。

（3）试件从养护室取出后，需目测检查试件，如有较大缺损、鼓包、开裂、坑凹、扭曲等缺陷应废弃。在测试前，按检验方法要求测量试件尺寸，应满足表 5 - 22 的规定。

表 5 - 22 水工混凝土试件的尺寸偏差和形位偏差要求

试件形式	尺寸偏差/mm	承压面平面度偏差/mm	垂直度偏差/(°)	平直度偏差/mm
立方体	长、宽—±0.6%公称尺寸； 高—±1.0%公称尺寸	0.05%边长	侧与底：0.5	—
圆柱体	直径—±0.6%公称尺寸； 高—±1.0%公称尺寸	0.05%直径	侧与底：0.5	—
棱柱体	宽、棱长—±0.6%公称尺寸； 高—±1.0%公称尺寸	0.05%棱长	侧与底：0.5	±0.2

3. 混凝土强度

（1）到达试验龄期时，从养护室取出试件，用湿布覆盖试件，保持试件潮湿状态。

（2）试验前将试件擦拭干净，检查外观，在上下承压面中部相垂直位置测量宽度（精确到 1mm）。试件的外观及偏差等应满足上述试件养护第（3）条规定。

（3）将试验机上、下压板擦拭干净。将试件放在试验机下压板中部，以成型时_____为承压面。如有必要，在试验机上、下压板与试件之间加入钢垫板，在上压板与试件之间正中位置夹放钢质球座。

（4）设定试验机加载速度为 18～30MPa/min。开动试验机，当上压板与垫板将接触时，调整球座使试件受压均匀。使试验机连续而均匀地加荷直至试件破坏，记录破坏荷载 P（精确到 0.01kN）。如手动控制加载速度，当试件接近破坏而开始迅速变形时，应停止调整试验机油门直至试件破坏。

（5）停机后取下试件，观察破坏后试件的形貌，如有明显的非均匀受压破坏的现象，应做记录。

（6）混凝土立方体抗压强度按式（5-15）计算：

$$f_{cc} = \frac{P}{A} \times 1000 \tag{5-15}$$

式中　f_{cc}——抗压强度，MPa；

　　　P——破坏荷载，kN；

　　　A——试件承压面积，mm^2。

以三个试件测值的平均值作为该组试件的抗压强度试验结果（修约间隔 0.1MPa）。当有一个测值与中间值之差超过中间值的 15% 时，取_____作为试验结果。当两个测值与中间值之差均超过中间值的 15% 时，该组试验结果无效。

（七）实验室配合比设计

混凝土实验室配合比一般采用三个不同的配合比同时进行，其中一个是基准配合比，其他配合比的用水量不变，水胶比依次增减 0.05，砂率可相应增减 1%。每种配合比制作一组试件，每一组都应检验相应配合比拌和物的和易性并测定表观密度，其结果代表这一配合比的混凝土拌和物的性能。

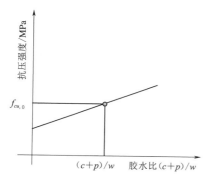

图 5-3　混凝土强度与胶水比关系图

根据试配的配合比成型混凝土立方体抗压强度试件，标准养护到规定试验龄期进行抗压强度试验。根据混凝土强度试验结果，建立不同掺合料掺量时混凝土强度和胶水比的关系曲线或回归方程式，用作图法或计算法求出与混凝土配制强度（$f_{cu,0}$）相对应的胶水比（图 5-3），同时根据混凝土抗冻等级、抗渗等级和其他性能要求和允许的最大水胶比限值调整后选定合适的水胶比。

（1）用水量。按基准配合比的用水量并根据制作强度试件时测得的坍落度，进行适当调整确定。

（2）胶凝材料用量。应以用水量乘以通过试验确定的胶水比计算得出。根据矿物掺合料的掺量，计算出矿物掺合料用量和水泥用量。

（3）粗、细骨料用量。按基准配合比的用量并根据用水量和胶凝材料用量进行调整。

（4）外加剂用量。根据外加剂的掺量和胶凝材料用量，计算出外加剂用量。

（5）混凝土表观密度的校正。

调整好的配合比，通过试验测定其拌和物表观密度 $m_{c,t}$。

按确定的材料用量按下式计算混凝土拌和物理论表观密度 $m_{c,c}$：

$$m_{c,c} = m_w + m_c + m_p + m_s + m_g \qquad (5-16)$$

按下式计算混凝土配合比校正系数：

$$\delta = \frac{m_{c,t}}{m_{c,c}} \qquad (5-17)$$

当配合比校正系数 δ 大于 1% 时，应对配合比中每项材料用量进行调整，$m_{新} = \delta_{m_{原}}$，即为调整后的材料用量和配合比。

（八）施工配合比确定

1. 骨料含水率的调整

假设工地砂、石含水率分别为 $a\%$ 和 $b\%$，则施工配合比为

$$
\begin{aligned}
m_c' &= m_c \\
m_s' &= m_s(1 + a\%) \\
m_g' &= m_g(1 + b\%) \\
m_w' &= m_w - m_s \cdot a\% - m_g \cdot b\%
\end{aligned}
\qquad (5-18)
$$

2. 骨料超、逊径调整

根据施工现场实测某级骨料超、逊径颗粒含量，将该级骨料中超径含量计入上一级骨料，逊径含量计入下一级骨料中，则该级骨料调整量为

调整量＝（该级超径量＋逊径量）－（下级超径量＋上级逊径量）

（九）混凝土配合比设计原始记录与试验报告

混凝土配合比设计工作任务全部完成后，将混凝土配合比设计原始记录和检验报告填

入表 5 - 23 和表 5 - 24。

表 5 - 23　　　　　　　　　　　　混凝土配合比设计试验拌和原始记录

任务单编号				试验日期		年　　月　　日			
设计等级				坍落度（mm/VB，s）					
原材料	水泥		品种等级		表观密度/(kg/m³)				
	掺合料	粉煤灰	品种等级		表观密度/(kg/m³)			掺量/%	
		矿渣粉	品种等级		表观密度/(kg/m³)			掺量/%	
	砂		品种等级		表观密度/(kg/m³)			F. M	
	石		品种等级		表观密度/(kg/m³)			粒径范围/mm	
	外加剂	1	品种等级		减水率/%			掺量/%	
		2	品种等级					掺量/%	

| 材料用量 /(kg/m³) | 用水量 | 水泥 | 粉煤灰 | 矿渣粉 | 砂 | 石 | 外加剂 1 | 外加剂 2 |
| | 水胶比 | | 砂率/% | | 大石＝ | | 中石＝ | 小石＝ |

拌和用料量	水	水泥	掺合料		砂	小石	中石	大石	特大石	外加剂	
			1	2						1	2
试拌配料/kg											
表面含水率/%											
含水量/kg											
校正值/kg											
校正后配料/kg											

室温：　　　℃，水温：　　　℃，相对湿度：　　　%，拌和物温度：　　　℃，拌和数量：　　　L

拌和记录	外观描述	棍度：　　　含砂情况：　　　黏聚性：　　　析水情况：			
	和易性	坍落度：　　　mm，扩散度：　　　mm，VB 值：　　　s			
		含气量：1 次　　　%，2 次　　　%，测定结果　　　%			
	拌和物密度	筒重/kg	筒＋混凝土重/kg	筒容积/L	密度/(kg/m³)

试件编号	试验龄期/d	试验日期	试验项目					
			抗压强度/MPa	劈拉	抗渗	抗冻	弹性模量	极限拉伸
	□7							
	□28							
	□___							
	□7							
	□28							
	□___							

试验：　　　　　　　　计算：　　　　　　　　复核：

表 5 - 24 　　　　　　　　　　　混凝土配合比设计报告

检验编号：　　　　委托编号：　　　　　　　　　　　　　　　　　　第 1 页/共 1 页

工程名称			委托日期		年　月　日
委托单位			成型日期		年　月　日
见证单位			报告日期		年　月　日
使用部位			样品来源		
设计强度等级		要求坍落度	取样人		×× ×
设计抗渗、抗冻等级		拌和及成型方法	见证人		×× ×
检验依据					
检验设备					

混 凝 土 原 材 料

	水泥品种		生产厂家		实测强度/MPa		报告编号	
原材料情况	砂产地		细度模数		表观密度/(kg/m³)		报告编号	
	石产地		公称粒级		表观密度/(kg/m³)		报告编号	
							报告编号	
	外加剂		掺量				报告编号	
	粉煤灰		掺量				报告编号	

混 凝 土 配 合 比

单位体积混凝土材料用量/kg	水泥	砂	石子	水	外加剂	掺合料

混凝土拌合物性能试验结果

水胶比	砂率/%	扩展度/mm	含气量/%	7d 强度/MPa	28d 强度/MPa	抗渗等级	抗冻等级

检验结论	
声明	本检验检测报告仅对送检样品负责，涂改增删无效，未加盖检测报告专用章无效，复印件无效
备注	检验单位　　×××××检测公司（盖　章）

批准：　　　　　　　　审核：　　　　　　　　　　　　　　检验：

八、评价反馈

各组代表展示成果，介绍任务的完成过程，并完成表5-25～表5-27。

表5-25　　　　　　　　　　　　　学 生 自 评 表

姓名＿＿＿＿＿　学号＿＿＿＿＿

任　　务	完 成 情 况 记 录
任务是否按计划时间完成	
相关理论完成情况	
技能训练情况	
任务完成情况	
任务创新情况	
成果材料上交情况	
工作任务收获	

表5-26　　　　　　　　　　　　　学 生 互 评 表

组号＿＿＿＿＿　组长＿＿＿＿＿

评 价 项 目	组 间 互 评 记 录
任务是否按时完成	
材料完成上交情况	
成果作品完成质量	
语言表达能力	
小组成员合作面貌	
创新点	

表5-27　　　　　　　　　　　　　教 师 评 价 表

姓名＿＿＿＿＿　学号＿＿＿＿＿

评 价 项 目	自我评价（30%）	互相评价（30%）	教师评价（40%）	综合评价
学习准备				
引导问题填写				
规范操作				
关键操作要领掌握				
完成速度				

续表

评　价　项　目	自我评价（30%）	互相评价（30%）	教师评价（40%）	综合评价
6S管理、环保节能				
参与讨论的主动性				
沟通协作				
展示汇报				
混凝土配合比设计工作任务总评分数				

注　1. 自我评价、互相评价与教师评价采用 A（优秀）、B（良好）、C（合格）、D（努力）四个档次。

　　2. 综合评价采用前三项的折合分数加权平均计入，即 A（优秀）、B（良好）、C（合格）、D（努力）四个等级的折合分数分别为 95 分、85 分、75 分和 65 分。